Die darin enthaltenen Ratschläge und Strategien sind
möglicherweise nicht für jede Situation geeignet. Dieses Werk
wird unter der Voraussetzung verkauft, dass weder der Autor
noch die Herausgeber für die Ergebnisse verantwortlich
gemacht werden können, die sich aus den Ratschlägen in
diesem Buch ergeben; Diese Arbeit soll die Leser über Bitcoin
aufklären und ist nicht als Anlageberatung gedacht. Alle Bilder
sind Originaleigentum des Autors, urheberrechtsfrei gemäß
Bildquellenangaben oder werden mit Zustimmung der
Rechteinhaber verwendet.

audepublishing.com

Erste Taschenbuchausgabe September 2021.

ISBN drucken 9798486794483

Einleitung

Bitcoin: Answered ist ein Versuch, das fragmentierte Netz von Informationen rund um Bitcoin zu entwirren, das von der breiten Öffentlichkeit empfangen wird. Unabhängig von der persönlichen Einstellung zu Kryptowährungen und Bitcoin (von denen die meisten, für diejenigen, die nicht untersucht wurden, entweder übermäßig optimistisch oder übermäßig zynisch sind), wächst die Reichweite von Kryptowährungen mit einer solchen Geschwindigkeit und wird im Finanzökosystem mit einer solchen Geschwindigkeit installiert, dass es viel schädlicher ist, die grundlegende Geschichte, die Konzepte und die Machbarkeit von Bitcoin nicht zu verstehen, als nicht. Sie werden diese Informationen hoffentlich sehr faszinierend finden; Bitcoin war der erste einer völlig neuen Art, über Geld und Werttransaktionen nachzudenken. Am Ende werden Sie den Umfang von Bitcoin, digitalen Währungen und Blockchain verstehen. Viele dieser Systeme sind, wie angemerkt werden sollte, nur im weitesten Sinne vergleichbar, und die potenziellen und anwendbaren Anwendungsfälle einer solchen Technologie sind ziemlich erstaunlich, insbesondere wenn man bedenkt, dass sich das Ökosystem der Fiat-Währung seit der Entfernung der Währungen aus dem Goldstandard vor einem halben

Jahrhundert kaum verändert hat. Alle Kryptowährungen als Bitcoin und Bitcoin als Randblase zu betrachten, ist einfach falsch; Ja, Bitcoin ist weit davon entfernt, perfekt zu sein, aber es steckt so viel mehr dahinter, was im Wesentlichen die Digitalisierung und Dezentralisierung von Werten ist. Dieses Buch befasst sich mit all diesen Konzepten und mehr in einem einfachen, fragenbasierten Format, beginnend mit "Was ist Bitcoin?". Fühlen Sie sich frei, nach Ihrem Wissen zu überfliegen oder von vorne bis hinten zu lesen; So oder so, meine Hoffnung und die Hoffnung meines Teams ist, dass Sie dieses Buch mit einem Verständnis von Bitcoin aus sentimentaler, technischer, historischer und konzeptioneller Sicht verlassen, sowie mit einem anhaltenden Interesse und dem Wunsch, mehr zu erfahren. Weitere Ressourcen finden Sie am Ende des Buches.

Nun geht es weiter, im edlen Streben nach Wissen.

Viel Spaß mit dem Buch.

Was ist Bitcoin?

Bitcoin ist vieles: ein globales Open-Source-Peer-to-Peer-Computernetzwerk, eine Sammlung von Protokollen, ein digitales Gold, die Spitze eines neuen Technologietopfs, eine Kryptowährung. Im Physischen; Bitcoin besteht aus 13.000 Computern, auf denen verschiedene Protokolle und Algorithmen ausgeführt werden. Im Konzept ist Bitcoin ein globales Mittel für einfache und sichere Transaktionen; eine demokratisierende Kraft und ein Mittel zur transparenten und anonymen Finanzierung. In der Brücke zwischen physisch und konzeptionell ist Bitcoin eine Kryptowährung; Ein Mittel und Wertaufbewahrungsmittel, das rein online existiert, ohne physische Form. All dies ist jedoch so, als würde man die Frage "Was ist Geld?" stellen und mit "Zetteln" antworten. Jemand, der mit Bitcoin nicht vertraut ist und den obigen Absatz liest, wird mit ziemlicher Sicherheit mehr Fragen als Antworten erhalten. Aus diesem Grund ist die Frage "Was ist Bitcoin?" im Wesentlichen die Frage dieses Buches, und durch eine Analyse jedes Teils können Sie hoffentlich zu einem Verständnis des Ganzen gelangen.

Wer hat mit Bitcoin angefangen?

Satoshi Nakamoto ist das Individuum oder möglicherweise die Gruppe von Personen, die Bitcoin geschaffen haben. Über diese mysteriöse Figur ist nicht viel bekannt, und seine Anonymität hat unzählige Verschwörungstheorien hervorgebracht. Während Nakamoto sich auf einer offiziellen Website von Peer-to-Peer-Stiftungen als 45-jähriger Mann aus Japan ausgibt, verwendet er in seinen E-Mails britische Redewendungen. Darüber hinaus passen die Zeitstempel seiner Arbeit besser zu jemandem, der in den USA oder Großbritannien ansässig ist. Die meisten glauben, dass sein Verschwinden geplant war (viele haben seine Arbeit mit biblischen Bezügen in Verbindung gebracht) und andere glauben, dass eine Regierungsorganisation wie die CIA mit seinem Verschwinden in Verbindung gebracht wurde. Das sind nichts weiter als Randtheorien; Was jedoch eine Tatsache bleibt, ist, dass der Schöpfer von Bitcoin derzeit ein Vermögen von mehr als 70 Milliarden US-Dollar (entspricht 1,1 Millionen Bitcoins) besitzt, und wenn Bitcoin um ein paar hundert Prozent steigt, wird dieser anonyme Milliardär, der Vater der Kryptowährung, der reichste Mensch der Welt sein.

Bitcoin Genesis Block
Raw Hex Version

```
00000000  01 00 00 00 00 00 00 00  00 00 00 00 00 00 00 00  ................
00000010  00 00 00 00 00 00 00 00  00 00 00 00 00 00 00 00  ................
00000020  00 00 00 00 3B A3 ED FD  7A 7B 12 B2 7A C7 2C 3E  ....;£íýz{.²zÇ,>
00000030  67 76 8F 61 7F C8 1B C3  88 8A 51 32 3A 9F B8 AA  gv.a.È.Ã^ŠQ2:Ÿ,ª
00000040  4B 1E 5E 4A 29 AB 5F 49  FF FF 00 1D 1D AC 2B 7C  K.^J)«_IŸÿ...¬+|
00000050  01 01 00 00 00 01 00 00  00 00 00 00 00 00 00 00  ................
00000060  00 00 00 00 00 00 00 00  00 00 00 00 00 00 00 00  ................
00000070  00 00 00 00 00 00 FF FF  FF FF 4D 04 FF FF 00 1D  ......ÿÿÿÿM.ÿÿ..
00000080  01 04 45 54 68 65 20 54  69 6D 65 73 20 30 33 2F  ..EThe Times 03/
00000090  4A 61 6E 2F 32 30 30 39  20 43 68 61 6E 63 65 6C  Jan/2009 Chancel
000000A0  6C 6F 72 20 6F 6E 20 62  72 69 6E 6B 20 6F 66 20  lor on brink of 
000000B0  73 65 63 6F 6E 64 20 62  61 69 6C 6F 75 74 20 66  second bailout f
000000C0  6F 72 20 62 61 6E 6B 73  FF FF FF FF 01 00 F2 05  or banksÿÿÿÿ..ò.
000000D0  2A 01 00 00 00 43 41 04  67 8A FD B0 FE 55 48 27  *....CA.gŠý°þUH'
000000E0  19 67 F1 A6 71 30 B7 10  5C D6 A8 28 E0 39 09 A6  .gñ¦q0·.\Ö¨(à9.¦
000000F0  79 62 E0 EA 1F 61 DE B6  49 F6 BC 3F 4C EF 38 C4  ybàê.aÞ¶Iö¼?Lï8Ä
00000100  F3 55 04 E5 1E C1 12 DE  5C 38 4D F7 BA 0B 8D 57  óU.å.Á.Þ\8M÷º..W
00000110  8A 4C 70 2B 6B F1 1D 5F  AC 00 00 00 00           ŠLp+kñ._¬....
```

Die obige Grafik stellt die Genese (was "erste") Block von Bitcoin dar. Der/die Gründer von Bitcoin, Satoshi Nakamoto, gaben eine Nachricht in den Code ein, die wie folgt lautet: "The Times 03/Jan/2009 Chancellor on brink of second bailout for banks."

Wem gehört Bitcoin?

Die Vorstellung, dass Bitcoin "im Besitz" ist, ist nur im weitesten Sinne richtig. Etwa 20 Millionen Menschen besitzen gemeinsam alle Bitcoin der Welt, aber Bitcoin selbst als Netzwerk kann nicht besessen werden.[2]

---

[2] Technisch gesehen halten 20,5 Millionen Menschen auf der ganzen Welt mindestens 1 US-Dollar in Bitcoin.

Was ist die Geschichte von Bitcoin?

Dies ist eine kurze Geschichte von Kryptowährung, Blockchain und Bitcoin.

- 1991 wurde erstmals eine kryptographisch gesicherte Kette von Blöcken konzipiert.

- Fast ein Jahrzehnt später, im Jahr 2000, veröffentlichte Stegan Knost seine Theorie über kryptographisch gesicherte Ketten sowie Ideen für die praktische Umsetzung.

- 8 Jahre später veröffentlichte Satoshi Nakamoto ein Whitepaper (ein Whitepaper ist ein gründlicher Bericht und Leitfaden), das ein Modell für eine Blockchain festlegte, und im Jahr 2009 implementierte Nakamoto die erste Blockchain, die als öffentliches Hauptbuch für Transaktionen verwendet wurde, die mit der von ihm entwickelten Kryptowährung namens Bitcoin getätigt wurden.

- Schließlich wurden im Jahr 2014 Anwendungsfälle (Anwendungsfälle sind spezifische Situationen, in denen ein Produkt oder eine Dienstleistung potenziell verwendet werden könnte) für Blockchain und Blockchain-Netzwerke außerhalb der Kryptowährung entwickelt, wodurch die Möglichkeiten von Bitcoin für die Welt geöffnet wurden.

Wie viele Bitcoins gibt es?

Bitcoin hat ein maximales Angebot von 21 Millionen Coins. Im Jahr 2021 sind 18,7 Millionen Bitcoins im Umlauf, was bedeutet, dass nur noch 2,3 Millionen in Umlauf gebracht werden müssen. Davon werden jeden Tag 900 neue Bitcoin durch Mining-Belohnungen zum zirkulierenden Angebot hinzugefügt.[3] Mining-Belohnungen sind die Belohnungen, die an Computer vergeben werden, die komplexe Gleichungen lösen, um Bitcoin-Transaktionen zu verarbeiten und zu verifizieren. Die Leute, die diese Computer betreiben, werden "Miner" genannt. Jeder kann mit dem Bitcoin-Mining beginnen; Selbst ein einfacher PC kann zu einem Knotenpunkt werden, der ein Computer im Netzwerk ist, und mit dem Mining beginnen.

---

[3] "Wie viele Bitcoins gibt es? Wie viele sind noch übrig? (2021)."
https://www.buybitcoinworldwide.com/how-many-bitcoins-are-there/.

Wie funktioniert Bitcoin?

Bitcoin und praktisch alle Kryptowährungen funktionieren mit der Blockchain-Technologie.

Blockchain kann in seiner grundlegendsten Form als das Speichern von Daten in buchstäblichen Ketten von Blöcken betrachtet werden. Schauen wir uns an, wie genau Blöcke und Ketten ins Spiel kommen.

- Jeder Block speichert digitale Informationen wie Uhrzeit, Datum, Betrag usw. von Transaktionen.

- Der Block weiß, welche Parteien an einer Transaktion beteiligt waren, indem er Ihren "digitalen Schlüssel" verwendet, bei dem es sich um eine Reihe von Zahlen und Buchstaben handelt, die Sie erhalten, wenn Sie eine Wallet öffnen, in der sich Ihre Kryptowährung befindet.

- Blöcke können jedoch nicht für sich allein stehen. Blöcke müssen von anderen Computern, auch bekannt als "Knoten" im Netzwerk, verifiziert werden.

- Die anderen Knoten validieren die Informationen eines Blocks. Sobald sie die Daten validiert haben und alles gut aussieht, werden der Block und die Daten, die er trägt, im öffentlichen Ledger gespeichert.

- Das öffentliche Hauptbuch ist eine Datenbank, die jede einzelne genehmigte Transaktion aufzeichnet, die jemals im Netzwerk getätigt wurde. Die meisten Kryptowährungen, einschließlich Bitcoin, haben ihr eigenes öffentliches Hauptbuch.

- Jeder Block im Ledger ist mit dem Block verknüpft, der vor ihm kam, und dem Block, der nach ihm kam. Daher bilden die Glieder, die die Blöcke bilden, ein kettenartiges Muster. Daher wird eine Blockchain gebildet.

> Zusammenfassung: Der **Block** stellt digitale Informationen dar, und die **Kette** stellt dar, wie diese Daten in der Datenbank gespeichert werden.

Um unsere frühere Definition noch einmal zusammenzufassen: Blockchain ist eine neue Art von Datenbank. Nachfolgend finden Sie eine visualisierte Aufschlüsselung der einzelnen Blöcke im Netzwerk.

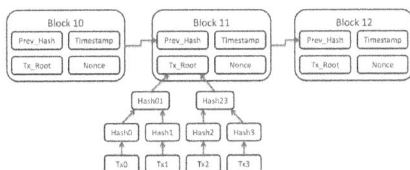

[4]

Was sind Bitcoin-Adressen?

Eine Adresse, auch als öffentlicher Schlüssel bezeichnet, ist eine eindeutige Sammlung von Zahlen und Buchstaben, die als Identifikationscode fungieren, vergleichbar mit einer Bankkontonummer oder einer E-Mail-Adresse (z. B. 1BvBESEystWetqTFn3Au6u4FGg7xJaAQN5). Damit können Sie Transaktionen auf der Blockchain durchführen. Adressen stellen eine Verbindung zu einer Basis-Blockchain her; Zum Beispiel liegt eine Bitcoin-Adresse im Bitcoin-Netzwerk und in der Blockchain. Adressen haben runde, bunte "Logos", die als Adress-Identicons (oder einfach "Icons") bezeichnet werden. Mit diesen Symbolen können Sie schnell sehen, ob Sie eine richtige Adresse eingegeben haben oder nicht. Jedes Mal, wenn Sie Kryptowährung senden oder empfangen, verwenden Sie eine zugehörige Adresse. In Adressen können jedoch keine Assets gespeichert werden. Sie dienen lediglich als Identifikatoren, die auf Wallets hinweisen.

Bitcoin Address

SHARE

1DpQP4yKSGWKWrKNKm1YNYBTqEwouQcyYg

Private Key

SECRET

L4NhQX1DFJpFAJJYAHKKpukerqxtjF1XhvR5J2PQcnDparA2vD9M[5]

---

[5] bitaddress.org

Was ist ein Bitcoin-Knoten?

Ein Node ist ein Computer, der mit dem Netzwerk einer Blockchain verbunden ist und die Blockchain beim Schreiben und Validieren von Blöcken unterstützt. Einige Nodes laden eine vollständige Historie ihrer Blockchain herunter. Diese werden Masternodes genannt und führen mehr Aufgaben aus als reguläre Nodes. Darüber hinaus sind die Knoten in keiner Weise an ein bestimmtes Netzwerk gebunden. Nodes können praktisch nach Belieben auf verschiedene Blockchains wechseln, wie es beim Multipool-Mining der Fall ist. Insgesamt wird die gesamte verteilte Natur von Bitcoin und Kryptowährungen sowie viele der zugrunde liegenden Blockchain- und Sicherheitsfunktionen durch das Konzept und die Nutzung eines globalen, knotenbasierten Systems ermöglicht.

Was ist Unterstützung und Widerstand für Bitcoin?

Hier befassen wir uns mit der technischen Analyse und dem Handel mit Bitcoin: Unterstützung ist der Preis einer Münze oder eines Tokens, bei dem dieser Vermögenswert weniger wahrscheinlich fällt, da viele Menschen bereit sind, den Vermögenswert zu diesem Preis zu kaufen. Wenn eine Münze Unterstützungsniveaus erreicht, kehrt sie sich oft in einen Aufwärtstrend um. Dies ist in der Regel ein guter Zeitpunkt, um die Münze zu kaufen, aber wenn der Preis unter das Unterstützungsniveau fällt, wird die Münze wahrscheinlich weiter auf ein anderes Unterstützungsniveau fallen. Widerstand hingegen ist ein Preis, den ein Vermögenswert nur schwer durchbrechen kann, da viele Menschen dies für einen guten Preis halten, zu dem sie verkaufen können. Manchmal kann der Widerstand physiologisch bedingt sein. Zum Beispiel könnte Bitcoin bei 50.000 US-Dollar auf Widerstand stoßen, da viele Leute dachten: "Wenn Bitcoin 50.000 US-Dollar erreicht, werde ich verkaufen." Wenn ein Widerstandsniveau durchbrochen wird, kann der Preis oft schnell steigen. Wenn Bitcoin beispielsweise die Marke von 50.000 US-Dollar überschreitet, könnte der Preis schnell auf 55.000 US-Dollar steigen, woraufhin er auf mehr

Widerstand stoßen könnte, und 50.000 US-Dollar könnten dann zum neuen Unterstützungsniveau werden.

Support And Resistance

6

[6] Basierend auf einem CC BY-SA 4.0 Bild von Akash98887 File:Support_and_resistance.png

Wie liest man einen Bitcoin-Chart?

Das ist eine große Frage; Um diese Frage zu beantworten, wird der folgende Abschnitt darauf abzielen, die beliebtesten Arten von Diagrammen aufzuschlüsseln, die zum Lesen von Bitcoin und anderen Kryptowährungen verwendet werden, sowie wie man solche Diagramme liest.

Charts bilden die Grundlage, anhand derer Preise untersucht und Muster gefunden werden können. Diagramme sind auf der einen Ebene einfach, auf der anderen tief und komplex. Wir beginnen mit den Grundlagen; verschiedene Arten von Diagrammen und ihre unterschiedlichen Verwendungszwecke.

Liniendiagramm

Ein Liniendiagramm ist ein Diagramm, das den Preis durch eine einzelne Linie darstellt. Die meisten Diagramme sind Liniendiagramme, da sie extrem leicht zu verstehen sind, obwohl sie weniger Informationen enthalten als beliebte Alternativen. Robinhood und Coinbase (die beide ihre Dienstleistungen auf weniger erfahrene Anleger ausrichten) haben Liniendiagramme als

Standard-Charttyp, während Institutionen, die sich an ein erfahreneres Publikum richten, wie Charles Schwab und Binance, standardmäßig andere Chartformen verwenden.

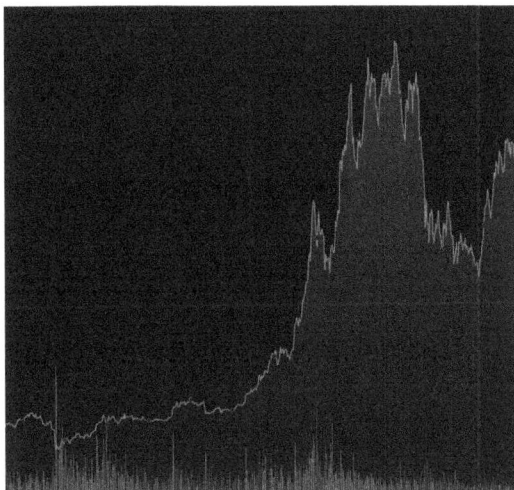

(tradingview.com) Liniendiagramm

Candlestick-Diagramm

Candlestick-Charts sind eine viel nützlichere Form, um Informationen über eine Münze anzuzeigen. Solche Charts sind für die meisten Anleger das Diagramm der Wahl. Innerhalb eines bestimmten Zeitraums haben Candlestick-Charts einen breiten "realen Körper" und werden meistens als rot oder grün dargestellt (ein weiteres gängiges Farbschema ist leer/weiß und gefüllt/schwarze reale Körper). Wenn es rot (ausgefüllt) ist, war der Schlusskurs niedriger als der Eröffnungskurs (was bedeutet, dass er nach unten ging). Wenn der reale Körper grün (leer) ist, war der Schlusskurs höher als der Eröffnungskurs (was bedeutet, dass er gestiegen ist). Über und unter den realen Körpern befinden sich die "Dochte", die auch als "Schatten" bekannt sind. Dochte zeigen die Höchst- und Tiefstkurse des Handels der Periode an. Wenn sich also der obere Docht (auch bekannt als der obere Schatten) in der Nähe des realen Körpers befindet, befindet sich die im Laufe des Tages erreichte Münze oder das Token in der Nähe des Schlusskurses, je höher die Münze oder der Token ist. Daher gilt auch das Gegenteil. Sie müssen ein solides Verständnis von Candlestick-Charts haben, daher schlage ich vor, dass Sie eine Website wie tradingview.com besuchen, um sich vertraut zu machen.

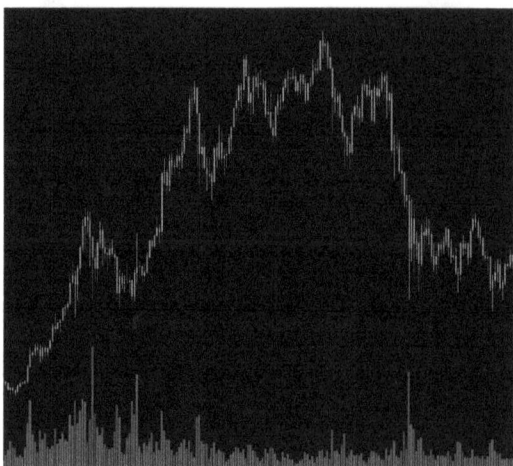

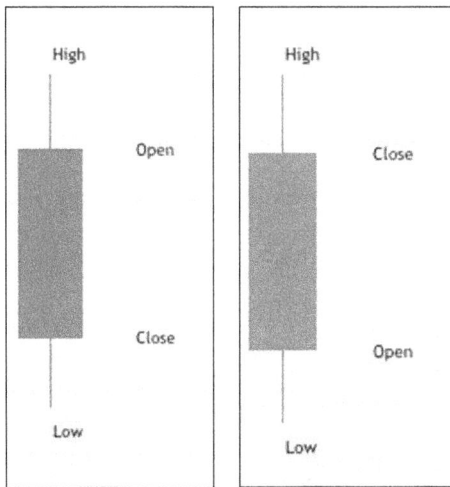

(tradingview.com)   Figure 11: Bearish Candle[xi]

Candlestick-Diagramm

Renko-Diagramm

Renko-Charts zeigen nur die Preisbewegung und ignorieren Zeit und Volumen. Renko kommt vom japanischen Begriff "renga", was "Ziegelsteine" bedeutet. Renko-Diagramme verwenden Steine (auch als Kästchen bezeichnet), typischerweise rot/grün oder weiß/schwarz. Renko-Kästchen bilden sich nur in der oberen oder unteren rechten Ecke des Kästchens, und das nächste Kästchen kann nur gebildet werden, wenn der Preis den oberen oder unteren Teil des vorherigen Kästchens überschreitet. Wenn der vordefinierte Betrag beispielsweise "$1" ist (stellen Sie sich dies ähnlich wie Zeitintervalle auf Candlestick-Charts vor), dann kann sich die nächste Box erst bilden, wenn sie entweder $1 über oder $1 unter dem Preis der vorherigen Box liegt. Diese Charts vereinfachen und "glätten" Trends in leicht verständliche Muster, während zufällige Kursbewegungen entfernt werden. Dies kann die Durchführung technischer Analysen erleichtern, da Muster wie Unterstützungs- und Widerstandsniveaus viel offensichtlicher angezeigt werden.

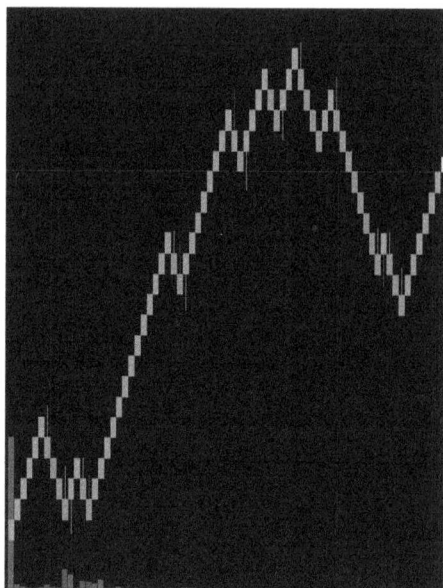

Punkt- und Figurendiagramm

Obwohl Point-and-Figure-Diagramme (P&F) nicht so bekannt sind wie die anderen auf dieser Liste, haben sie eine lange Geschichte und den Ruf, eines der einfachsten Diagramme zu sein, die zur Identifizierung guter Ein- und Ausstiegspunkte verwendet werden.

Wie Renko-Diagramme berücksichtigen auch P&F-Diagramme nicht direkt den Zeitablauf. Stattdessen werden Xs und Os in Spalten gestapelt. Jeder Buchstabe steht für eine ausgewählte Preisbewegung (genau wie die Blöcke in den Renko-Charts). Xs stehen für einen steigenden

Nehmen wir an, die gewählte Preisbewegung beträgt 10 $. Wir müssen unten links beginnen: Die 3 Xs zeigen an, dass der Preis um 30 $ gestiegen ist, die 2 Os bedeuten einen Rückgang um 20 $ und die letzten 2 Xs stellen einen Anstieg um 20 $ dar. Zeit spielt keine Rolle.

Heiken-Ashi Chart

Heikin-Ashi-Charts sind eine einfachere, geglättete Version von Candlestick-Charts. Sie funktionieren fast genauso wie Candlestick-Charts (Kerzen, Dochte, Schatten usw.), mit dem Unterschied, dass HA-Charts die Preisdaten über zwei Perioden statt über eine glätten. Dies macht Heikin-Ashi im Wesentlichen für viele Trader gegenüber Candlestick-Charts vorzuziehen, da Muster und Trends leichter erkannt werden können und falsche Signale (kleine, bedeutungslose Bewegungen) zum großen Teil weggelassen werden. Allerdings verdeckt das einfachere Erscheinungsbild einige Daten in Bezug auf Candlesticks, was zum Teil der Grund dafür ist, dass Heikin-Ashis Candlesticks noch nicht ersetzt hat. Daher schlage ich vor, dass Sie mit beiden Diagrammtypen experimentieren und herausfinden, was am besten zu Ihrem Stil und Ihrer Fähigkeit, Trends zu erkennen, passt.

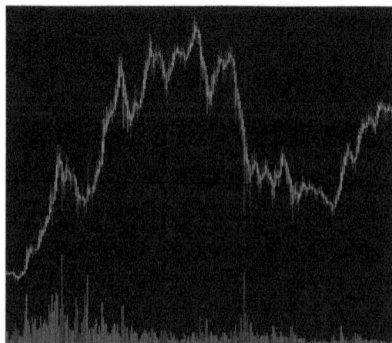

A: Beachten Sie, dass die Trends auf dem Heikin-Ashi-Chart glatter und besser erkennbar sind als auf dem Candlestick-Chart.

Darstellen von Ressourcen in Diagrammen

TradingView

tradingview.com (insgesamt am besten, am besten sozial)

CoinMarketCap

coinmarketcap.com (einfach, leicht)

CryptoWatch

cryptowat.ch (sehr etabliert, am besten für Bots)

CryptoView

cryptoview.com (sehr anpassbar)

Klassifizierungen von Diagrammmustern

Diagrammmuster werden klassifiziert, um die Rolle und den Zweck schnell zu verstehen. Hier sind einige dieser Klassifizierungen:

Dickköpfig

Alle bullischen Muster werden wahrscheinlich dazu führen, dass das Ergebnis günstig nach oben ist, so dass beispielsweise ein bullisches Muster zu einem Aufwärtstrend von 10 % führen kann.

Plump

Alle bärischen Muster werden wahrscheinlich dazu führen, dass das Ergebnis günstig nach unten ist, so dass beispielsweise ein bärisches Muster zu einem Abwärtstrend von 10 % führen kann.

Kerzenhalter

Candlestick-Muster gelten speziell für Candlestick-Charts, nicht für alle Charts. Dies liegt daran, dass Candlestick-Muster auf Informationen angewiesen sind, die nur in einem Kerzenformat (Körper und Docht) vorkommen können.

Anzahl der Balken/Kerzen

Die Anzahl der Balken oder Kerzen in einem Muster beträgt in der Regel nicht mehr als drei.

Fortsetzung

Fortsetzungsmuster signalisieren, dass sich der Trend vor dem Muster mit größerer Wahrscheinlichkeit fortsetzen wird. Wenn sich also zum Beispiel das Fortsetzungsmuster X an der Spitze eines Aufwärtstrends bildet, dann wird sich der Aufwärtstrend wahrscheinlich fortsetzen.

Ausbruch

Ein Ausbruch ist eine Bewegung über den Widerstand oder unter die Unterstützung. Breakout-Muster deuten darauf hin, dass eine solche Bewegung wahrscheinlich ist. Die Richtung dieses Ausbruchs ist spezifisch für das Muster.

Umkehrung

Eine Umkehr ist eine Änderung der Preisrichtung. Ein Umkehrmuster zeigt an, dass sich die Richtung des Preises wahrscheinlich ändern wird (ein Aufwärtstrend würde also zu einem

Abwärtstrend und ein Abwärtstrend würde zu einem Aufwärtstrend werden).

Welche Art von Bitcoin-Wallets gibt es?

Es gibt mehrere verschiedene Kategorien von Wallets, die sich in Sicherheit, Benutzerfreundlichkeit und Zugänglichkeit unterscheiden:

1. *Brieftasche aus Papier.* Eine Paper Wallet definiert die Speicherung privater Informationen (öffentliche Schlüssel, private Schlüssel und Seed-Phrasen) auf, wie der Name schon sagt, auf Papier. Dies funktioniert, weil jedes öffentliche und private Schlüsselpaar eine Brieftasche bilden kann. Es wird keine Online-Schnittstelle benötigt. Die physische Speicherung digitaler Informationen gilt als sicherer als jede Form der Online-Speicherung, einfach weil die Online-Sicherheit mit einer Reihe potenzieller Sicherheitsbedrohungen konfrontiert ist, während physische Vermögenswerte nur wenigen Bedrohungen ausgesetzt sind, wenn sie richtig verwaltet werden. Um eine Bitcoin-Papier-Wallet zu erstellen, kann jeder bitaddress.org besuchen , um eine öffentliche Adresse und einen privaten Schlüssel zu generieren und dann die Informationen auszudrucken. Die

QR-Codes und Schlüsselketten können verwendet werden, um Transaktionen zu erleichtern. Angesichts der Herausforderungen, mit denen Inhaber von Paper-Wallets konfrontiert sind (Wasserschaden, versehentlicher Verlust, Undurchsichtigkeit) im Vergleich zu ultrasicheren Online-Optionen, werden Paper-Wallets jedoch nicht mehr für die Verwaltung bedeutender Kryptowährungsbestände empfohlen.

2. *Hot Wallet/Cold Wallet.* Eine Hot Wallet bezieht sich auf eine Wallet, die mit dem Internet verbunden ist, das Gegenteil, Cold Storage, bezieht sich auf eine Wallet, die nicht mit dem Internet verbunden ist. Hot Wallets ermöglichen es dem Besitzer des Kontos, Token zu senden und zu empfangen. Cold Storage ist jedoch sicherer als Hot Storage und bietet viele der Vorteile von Paper Wallets, ohne so viel Risiko einzugehen. Die meisten Börsen ermöglichen es Benutzern, Bestände mit wenigen Tastendrücken von Hot Wallets (was die Standardeinstellung ist) in Cold Wallets zu verschieben (Coinbase bezeichnet die Cold-/Offline-Speicherung als "Tresor"). Die Entnahme von Beständen aus dem Kühllager dauert einige Tage, was auf die Dynamik zwischen Zugänglichkeit und Sicherheit von Warm- und Kühllagern zurückgeht. Wenn Sie daran interessiert sind, ein

Krypto-Asset langfristig zu halten, ist Cold Storage innerhalb Ihrer Börse der richtige Weg. Wenn Sie planen, aktiv zu handeln oder sich am Handel mit Beständen zu beteiligen, ist Cold Storage keine praktikable Option.

3. *Hardware-Wallet.* Hardware-Wallets sind sichere physische Geräte, in denen Ihr privater Schlüssel gespeichert ist. Diese Option ermöglicht es, ein gewisses Maß an Online-Zugänglichkeit (da Hardware-Wallets den Zugriff auf Bestände sehr einfach machen) mit einer Speichermethode zu kombinieren, die nicht mit dem Internet verbunden und daher sicherer ist. Einige beliebte Hardware-Wallets, wie z. B. Ledger (ledger.com), bieten sogar Apps an, die mit Hardware-Wallets zusammenarbeiten, ohne die Sicherheit zu beeinträchtigen. Insgesamt sind Hardware-Wallets eine großartige Option für ernsthafte und langfristige Inhaber, obwohl die physische Sicherheit berücksichtigt werden muss. Solche Wallets, wie auch Paper Wallets, werden am besten in Banken oder High-End-Speicherlösungen aufbewahrt.

Ist Bitcoin-Mining profitabel?

Das kann es auf jeden Fall sein. Die durchschnittliche jährliche Kapitalrendite für Bitcoin-Miner-Mieten variiert von hohen einstelligen bis niedrigen zweistelligen Werten, während der ROI für selbstverwaltetes Bitcoin-Mining im zweistelligen Bereich schwankt (um es in Zahlen zu fassen: 20 % bis 150 % pro Jahr sind zu erwarten, während 40 % bis 80 % normal sind). In jedem Fall übertrifft diese Rendite die historischen Aktienmarkt- und Immobilienrenditen von 10 %. Das Bitcoin-Mining ist jedoch volatil und teuer, und eine Reihe von Faktoren beeinflussen die Rendite jedes Einzelnen. In der nächsten Frage werden wir Faktoren der Rentabilität des Bitcoin-Minings untersuchen, die einen viel besseren Einblick in die geschätzten Renditen bieten, sowie warum einige Monate und Miner außergewöhnlich gut abschneiden und andere nicht.

Was beeinflusst die Rentabilität des Bitcoin-Minings?

Die folgenden Variablen sind für die Bestimmung der potenziellen Rentabilität des Bitcoin-Minings von entscheidender Bedeutung:

Preis der Kryptowährung. Der Haupteinflussfaktor ist der Preis des jeweiligen Kryptowährungswerts. Ein 2-facher Anstieg des Bitcoin-Preises führt zu einem 2-fachen Mining-Gewinn (da die Menge an Bitcoin, die verdient wird, gleich bleibt, während sich der Gegenwert ändert), während ein Rückgang um 50 % zur Hälfte des Gewinns führt. Angesichts der Volatilität von Kryptowährungen und insbesondere von Bitcoin muss der Preis berücksichtigt werden. Wenn Sie jedoch langfristig an Bitcoin und Kryptowährungen glauben, sollten Preisänderungen Sie im Allgemeinen nicht beeinflussen, da Ihr Fokus auf dem Aufbau von langfristigem Eigenkapital liegt, das sich nur nach anderen Faktoren auf dieser Liste ändern kann.

Hash-Rate und Schwierigkeitsgrad. HashRate ist die Geschwindigkeit, mit der Gleichungen gelöst und Blöcke gefunden werden. Die Hash-Rate für Miner entspricht in etwa den Einnahmen, und mehr Miner, die in das System eintreten (wodurch sich die Hash-Rate des Netzwerks und die damit verbundene Mining-"Schwierigkeit" erhöhen, die eine Metrik ist, die beschreibt, wie schwer es ist, Blöcke zu minen), verwässern den Hash-Anteil pro Miner und damit die Rentabilität. Auf diese Weise drückt der Wettbewerb den Gewinn durch Schwierigkeit und Hash-Rate.

Strompreis. Da der Abbauprozess schwieriger wird, steigt auch der Strombedarf. Der Strompreis kann zu einem wichtigen Faktor für die Rentabilität werden.

Halbierend. Alle 4 Jahre halbieren sich die in Bitcoin programmierten Blockbelohnungen, um den Zufluss und das Gesamtangebot an Münzen schrittweise zu reduzieren. Derzeit (seit dem 13. Mai 2020 und bis 2024) betragen die Miner-Belohnungen 6,25 Bitcoin pro Block. Im Jahr 2024 werden die Blockbelohnungen jedoch auf 3,125 Bitcoin pro Block fallen und so weiter. Auf diese Weise müssen die langfristigen Mining-Belohnungen sinken, es sei denn, der Wert jeder Münze steigt genauso stark oder stärker als die Blockbelohnungen.

Hardware-Kosten. Natürlich spielt der tatsächliche Preis der Hardware, die zum Schürfen von Bitcoin benötigt wird, eine große Rolle für Gewinn und ROI. Das Mining kann einfach auf normalen PCs eingerichtet werden (wenn Sie einen haben, schauen Sie sich nicehash.com an); Das Einrichten kompletter Rigs ist jedoch mit den Kosten für Motherboards, CPUs, Grafikkarten, GPUs, RAM, ASICs und mehr verbunden. Der einfachste Ausweg besteht darin, einfach vorgefertigte Rigs zu kaufen, aber dafür muss man eine Prämie zahlen. Die Herstellung eines eigenen Geräts spart Geld, erfordert aber auch technisches Wissen. Im Allgemeinen kosten Do-it-yourself-Optionen mindestens 3.000 US-Dollar, aber im Allgemeinen eher 10.000 US-Dollar. All diese Hardware-Faktoren müssen berücksichtigt werden, um eine angemessene Schätzung der potenziellen Rendite in der sich schnell verändernden Umgebung des Bitcoin- und Kryptowährungs-Minings vorzunehmen.

Um diese Frage abschließend zu beantworten: Die Variablen, die die Rentabilität des Bergbaus beeinflussen, sind zahlreich und unterliegen schnellen Veränderungen, und die potenziellen Erträge sind zugunsten großer Farmen mit Zugang zu billigem Strom verzerrt. Nichtsdestotrotz ist das Krypto-Mining sicherlich immer noch sehr profitabel, und die Renditen (ohne das Potenzial eines marktweiten Zusammenbruchs) waren und werden wahrscheinlich noch eine ganze Weile weit über den erwarteten Aktienmarktrenditen oder den normalen Renditen in den meisten anderen Anlageklassen liegen.

Gibt es echte, physische Bitcoins?

Es gibt keine physischen Bitcoin und wird es wahrscheinlich auch nie geben; Es wird nicht ohne Grund als "digitale Währung" bezeichnet. Allerdings wird die Zugänglichkeit von Bitcoin im Laufe der Zeit durch bessere Börsen, Bitcoin-Geldautomaten, Bitcoin-Debit- und Kreditkarten und andere Dienste zunehmen. Hoffentlich werden Bitcoin und andere Kryptowährungen eines Tages so einfach zu bedienen sein wie physische Währungen.

Ist Bitcoin reibungslos?

Ein reibungsloser Markt ist ein ideales Handelsumfeld, in dem es keine Kosten oder Einschränkungen für Transaktionen gibt. Der Bitcoin-Markt (bestehend aus Paaren) ist zwar auf dem Weg zur Reibungslosigkeit (insbesondere in Bezug auf den globalen Geldtransfer), aber nicht annähernd dort.

HTTPS://LibertyTreeCS.New   YorkPet.org/2016/03/Is-Bitcoin-Really-Frictionless/

Verwendet Bitcoin mnemonische Phrasen?

Eine mnemonische Phrase ist ein äquivalenter Begriff zu einer Seed-Phrase. Beide stellen Sequenzen mit 12 bis 24 Wörtern dar, die Wallets identifizieren und darstellen. Betrachten Sie es als ein Backup-Passwort. Damit können Sie nie den Zugriff auf Ihr Konto verlieren. Auf der anderen Seite, wenn Sie es vergessen, gibt es keine Möglichkeit, es zurückzusetzen oder zurückzubekommen, und jeder andere, der es hat, hat Zugriff auf Ihre Brieftasche. Alle Wallets, in denen Sie Bitcoin aufbewahren können, verwenden mnemonische Phrasen; Sie sollten diese Sätze immer an einem sicheren und privaten Ort aufbewahren. Auf Papier ist am besten, am besten auf Papier in einem Tresor oder Safe.

Your Seed Phrase

Your Seed Phrase is used to generate and recover your account.

1. issue	2. flame	3. sample
4. lyrics	5. find	6. vault
7. announce	8. banner	9. cute
10. damage	11. civil	12. goat

Please save these 12 words on a piece of paper. The order is important. This seed will allow you to recover your account.

7

Können Sie Ihre Bitcoin zurückbekommen, wenn Sie sie an die falsche Adresse senden?

Eine Rückerstattungsadresse ist eine Wallet-Adresse, die als Backup dienen kann, falls die Transaktion fehlschlägt. Wenn ein solches Ereignis eintritt, wird eine Rückbuchung an die angegebene Rückerstattungsadresse vorgenommen. Wenn Sie jemals eine Rückerstattungsadresse angeben müssen, stellen Sie sicher, dass die Adresse korrekt ist und Sie das von Ihnen gesendete Token empfangen können.

Ist Bitcoin sicher?

Bitcoin, das von einem zugrunde liegenden Blockchain-Netzwerk gesteuert wird, ist aus folgenden Gründen eines der sichersten Systeme der Welt:

1. *Bitcoin ist öffentlich.* Bitcoin hat, wie viele Kryptowährungen, ein öffentliches Hauptbuch, das alle Transaktionen aufzeichnet. Da keine privaten Informationen angegeben werden müssen, um Bitcoin zu besitzen und zu handeln, und alle Transaktionsinformationen auf der Blockchain öffentlich sind, haben Eindringlinge nichts, was sie hacken oder stehlen können. Die einzige Alternative zum Hacken und Profitieren vom Bitcoin-Netzwerk (mit Ausnahme menschlicher Fehlerquellen, wie z. B. bei Exchange-Angriffen und verlorenen Passwörtern; wir konzentrieren uns auf Bitcoin selbst) ist ein 51%-Angriff, was in der Größenordnung von Bitcoin praktisch unmöglich ist. "Öffentlich" zu sein, bedeutet auch, dass Bitcoin erlaubnisfrei ist. Niemand kontrolliert es, und daher kann kein subjektiver oder singulärer Standpunkt das gesamte Netzwerk beeinflussen (ohne die Zustimmung aller anderen im Netzwerk).

2. *Bitcoin ist dezentralisiert.* Bitcoin arbeitet derzeit über 10.000 Knoten, die alle zusammen dazu dienen, Transaktionen zu validieren.[8] Da das gesamte Netzwerk Transaktionen validiert, gibt es keine Möglichkeit, Transaktionen zu ändern oder zu kontrollieren (es sei denn, auch hier werden 51 % des Netzwerks kontrolliert). Ein solcher Angriff ist, wie bereits erwähnt, praktisch unmöglich; Beim aktuellen Preis von Bitcoin müsste ein Angreifer zig Millionen Dollar pro Tag ausgeben und eine Menge an Rechenressourcen kontrollieren, die einfach nicht verfügbar sind.[9] Daher macht die dezentrale Natur der Datenvalidierung Bitcoin extrem sicher.

3. *Bitcoin ist irreversibel.* Sobald Transaktionen im Netzwerk bestätigt wurden, ist es nicht mehr möglich, sie zu ändern, da jeder Block (ein Block ist ein Stapel neuer Transaktionen) mit Blöcken auf beiden Seiten verbunden ist und somit eine zusammenhängende Kette bildet. Einmal geschriebene Blöcke können nicht mehr geändert werden. Diese beiden

---

[8] "Bitnodes: Globale Verteilung der Bitcoin-Nodes." https://bitnodes.io/. Abgerufen am 30. August 2021.

[9] "Man bräuchte 21 Millionen Dollar, um Bitcoin einen Tag lang anzugreifen - Decrypt." 31. Januar 2020, https://decrypt.co/18012/you-would-need-21-million-to-attack-bitcoin-for-a-day. Abgerufen am 30. August 2021.

Faktoren verhindern in Kombination Datenänderungen und sorgen für mehr Sicherheit.

4. *Bitcoin verwendet den Hashing-Prozess.* Ein Hash ist eine Funktion, die einen Wert in einen anderen umwandelt; ein Hash wandelt in der Kryptowelt eine Eingabe von Buchstaben und Zahlen (eine Zeichenfolge) in eine verschlüsselte Ausgabe einer festen Größe um. Hashes helfen bei der Verschlüsselung, denn um jeden Hash zu "lösen", muss man rückwärts arbeiten, um ein extrem komplexes mathematisches Problem zu lösen. Daher basiert die Fähigkeit, diese Gleichungen zu lösen, ausschließlich auf der Rechenleistung. Hashing hat die folgenden Vorteile: Daten werden komprimiert, Hash-Werte können verglichen werden (im Gegensatz zum Vergleich von Daten in ihrer ursprünglichen Form), und Hashing-Funktionen sind eine der sichersten und zuverlässigsten Methoden der Datenübertragung (insbesondere in großem Maßstab).

Wird Bitcoin ausgehen?

Es kommt darauf an, was du mit "auslaufen" meinst. Die Menge an Bitcoin, die jedes Jahr dem Netzwerk hinzugefügt wird, wird unweigerlich zur Neige gehen. Zu diesem Zeitpunkt werden jedoch andere Angebotsmechanismen (im Gegensatz zu Bitcoin als Mining-Belohnung) die Oberhand gewinnen und das Geschäft wird wie gewohnt weitergehen. In diesem Sinne sollte Bitcoin nie ausgehen.

Was ist der Sinn von Bitcoin?

Der Hauptwert von Bitcoin ergibt sich aus den folgenden Anwendungen: als Wertaufbewahrungsmittel und als Mittel für private, globale und sichere Transaktionen. Das ist im Wesentlichen der Sinn von Bitcoin; Ein Zweck, der angesichts seiner historischen Renditen und der etwa 300.000 täglichen Transaktionen recht erfolgreich ausgeführt wurde.

Wie würden Sie einem 5-Jährigen Bitcoin erklären?

Bitcoin ist Computergeld, mit dem Menschen Dinge kaufen und verkaufen oder mehr Geld verdienen können. Bitcoin funktioniert aufgrund der Blockchain. Blockchain ist ein Werkzeug, das es vielen verschiedenen Menschen ermöglicht, wertvolle Informationen oder Geld sicher weiterzugeben, ohne dass jemand anderes dies für sie tun muss.

Ist Bitcoin ein Unternehmen?

Bitcoin ist kein Unternehmen. Es handelt sich um ein Netzwerk von Computern, auf denen Algorithmen ausgeführt werden. Angesichts der Entwicklung von Software und Hardware im Laufe der Zeit und um die Altertisierung von Bitcoin zu verhindern, wurde jedoch bei der Erstellung ein Abstimmungssystem in das Netzwerk implementiert, um Aktualisierungen des Codes und der Algorithmen zu ermöglichen. Das Abstimmungssystem ist vollständig quelloffen und konsensbasiert, was bedeutet, dass Aktualisierungen des Systems, die von Entwicklern und Freiwilligen vorgeschlagen werden, von anderen interessierten Parteien einer strengen Prüfung unterzogen werden müssen (da ein Fehler in einem Update Millionen von interessierten Parteien Geld kosten würde), und das Update wird nur angenommen, wenn ein Massenkonsens erreicht wird. Die Bitcoin Foundation (bitcoinfoundation.org) beschäftigt mehrere Vollzeit-Entwickler, die daran arbeiten, eine Roadmap für Bitcoin zu erstellen und Updates zu entwickeln. Aber auch hier gilt: Jeder, der etwas beizutragen hat, kann dies tun, und es bewirbt sich kein tatsächliches Unternehmen oder eine Organisation. Darüber hinaus werden Benutzer nicht zur Aktualisierung gezwungen, wenn eine Regeländerung angewendet wird. Sie können bei jeder beliebigen Version bleiben. Die Ideen hinter diesem System sind ziemlich wundersam; Die Idee eines unabhängigen, quelloffenen, konsensbasierten Netzwerks findet Anwendung in viel mehr Bereichen als nur in Bitcoin.

Ist Bitcoin ein Betrug?

Bitcoin ist per Definition kein Betrug. Es handelt sich um ein Finanzinstrument, das von einem Team etablierter Ingenieure entwickelt wurde. Es ist Billionen wert, unhackbar, und der Gründer hat keine Bestände verkauft.[10] Das heißt, Bitcoin ist sicherlich manipulierbar und sehr volatil. Viele andere Kryptowährungen auf dem Markt sind im Gegensatz zu Bitcoin ein Betrug. Recherchieren Sie also, investieren Sie in etablierte Münzen mit seriösen Teams und nutzen Sie Ihren gesunden Menschenverstand.

---

[10] Während Satoshi Nakamoto aufgrund von Bitcoin Dutzende von Milliarden wert ist, hat er (in seiner bekannten Wallet) noch keine verkauft. Gepaart mit seiner Anonymität hat der Gründer von Bitcoin wahrscheinlich keinen großen Gewinn durch die Währung erzielt, zumindest im Vergleich zu den Dutzenden oder Hunderten von Milliarden, die er besitzt.

Kann Bitcoin gehackt werden?

Bitcoin selbst ist unmöglich zu hacken, da das gesamte Netzwerk ständig von vielen Knoten (Computern) innerhalb des Netzwerks überprüft wird, und daher kann jeder Angreifer das System nur dann wirklich hacken, wenn er 51% oder mehr der Rechenleistung im Netzwerk kontrolliert (da die Mehrheitskontrolle verwendet werden kann, um alles zu validieren, ob es korrekt ist oder nicht). Angesichts der Mining-Leistung, die hinter Bitcoin steckt, ist dies im Wesentlichen unmöglich. Der Schwachpunkt bei der Sicherheit von Kryptowährungen sind jedoch die Wallets der Benutzer; Wallets und Börsen sind viel einfacher zu hacken. Obwohl Bitcoin also nicht gehackt werden kann, können Ihre Bitcoin durch den Fehler einer Börse sowie durch ein schwaches oder versehentlich geteiltes Passwort gehackt werden. Wenn Sie sich an etablierte Börsen halten und ein privates, sicheres Passwort verwenden, sind Ihre Chancen, gehackt zu werden, im Allgemeinen praktisch gleich Null.

Wer behält den Überblick über Bitcoin-Transaktionen?

Jeder Knoten (Computer) im Bitcoin-Netzwerk verwaltet eine vollständige Kopie aller Bitcoin-Transaktionen. Die Informationen werden verwendet, um Transaktionen zu validieren und die Sicherheit zu gewährleisten. Darüber hinaus sind alle Bitcoin-Transaktionen öffentlich und über das Bitcoin-Ledger einsehbar. Diese können Sie sich unter folgendem Link selbst ansehen:

https://www.blockchain.com/btc/unconfirmed-transactions

Kann jeder Bitcoin kaufen und verkaufen?

Da Bitcoin dezentralisiert ist, kann jeder kaufen und verkaufen, unabhängig von externen Faktoren oder Identität. Allerdings verlangen viele Länder, dass Kryptowährungen nur über zentralisierte Börsen gehandelt werden (aus Steuer- und Sicherheitsgründen), was grundlegende KYC-Mandate wie Identität, Sozialversicherungsnummer usw. erfordert. Solche Gesetze hindern einige Menschen daran, in Krypto zu investieren, und zentralisierte Börsen behalten sich das Recht vor, Konten aus irgendeinem Grund zu schließen.

Ist Bitcoin anonym?

Wie in der obigen Frage erwähnt, ermöglicht das angeborene System, das Bitcoin steuert, eine vollständige persönliche Anonymität; Alles, was für eine erfolgreiche Transaktion geteilt werden muss, ist eine Wallet-Adresse. Staatliche Mandate haben es jedoch in vielen Ländern (das wichtigste Beispiel sind die USA) illegal gemacht, an dezentralen Börsen zu handeln. Daher verbieten zentralisierte Börsen die rechtliche Anonymität beim Handel mit Kryptowährungen.

Können sich die Regeln von Bitcoin ändern?

Da Bitcoin dezentralisiert ist, kann sich das System nicht selbst verändern. Die Regeln des Netzwerks können jedoch durch den Konsens der Bitcoin-Inhaber geändert werden. Heute aktualisieren Open-Source-Projekte Bitcoin, wenn Updates erforderlich sind, und tun dies nur, wenn die Änderungen von der Bitcoin-Community akzeptiert werden.

Sollte Bitcoin groß geschrieben werden?

Bitcoin als Netzwerk sollte kapitalisiert werden. Bitcoin als Einheit sollte nicht groß geschrieben werden. Zum Beispiel: "Nachdem ich von der Idee von Bitcoin gehört hatte, kaufte ich 10 Bitcoins."

Was sind Bitcoin-Protokolle?

Ein Protokoll ist ein System oder Verfahren, das steuert, wie etwas getan werden soll. Innerhalb von Kryptowährungen und Bitcoin sind Protokolle die bestimmende Codeschicht. Zum Beispiel bestimmt ein Sicherheitsprotokoll, wie die Sicherheit durchgeführt werden soll, ein Blockchain-Protokoll regelt, wie die Blockchain funktioniert und funktioniert, und ein Bitcoin-Protokoll steuert, wie Bitcoin funktioniert.

Lightning Network Protocol Sui

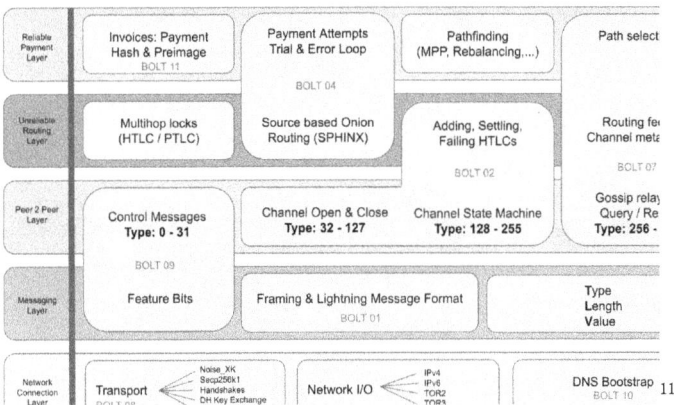

*Dies ist ein Beispiel für ein Protokoll, das durch die Linse des Lightning Network betrachtet wird, ein Layer-2-Zahlungsprotokoll, das entwickelt wurde, um auf Münzen wie Bitcoin und Litecoin zu

[11] Renepick / CC BY-SA 4.0
File:Lightning_Network_Protocol_Suite.png

arbeiten, um schnellere Transaktionen zu ermöglichen und so Skalierbarkeitsprobleme zu lösen.

Was ist das Ledger von Bitcoin?

Das Ledger von Bitcoin und alle Blockchain-Ledger speichern Daten über alle Finanztransaktionen, die auf der jeweiligen Blockchain getätigt werden. Kryptowährungen verwenden öffentliche Ledger, was bedeutet, dass das Ledger, mit dem alle Transaktionen aufgezeichnet werden, öffentlich zugänglich ist. Sie können das öffentliche Hauptbuch von Bitcoin unter blockchain.com/explorer einsehen.

Hash	Time	Amount (BTC)	Amount (USD)
a3bc0fb2e5f235094f3825eb722ca4dda008c3528db1468012e139598418a3ec	12:22	3.40547680 BTC	$170,416.94
80c2a1ab9cc9fc94f062e7076402161389bbeb1d9428840adf169fb2fb150735	12:22	0.52284473 BTC	$26,164.21
f3773b98dd0b10777e0761dd7d8be8e7553b190546b245fcafef5494124a0e94	12:22	0.03063828 BTC	$1,533.20
a5a5e9678c6494bb68cea67aef3aee789ef972172db5424797dcd18eb7345a9a	12:22	0.00151322 BTC	$75.72
5f3bcd4212f05ed0d9ad7ba40a97e1b4e6fe3458c7d9926a8b1a5218b7a1f33e	12:22	0.84369401 BTC	$42,220.15
37e7a56509c2b095549c3f885e2dcd3c0a29f47d5987d64ef5cf4b8ca9992611	12:22	0.00153592 BTC	$76.86
ee7a833c2da6c25125a653903828dh74303d2efafdf730b0cc2767d8840e1754	12:22	0.00210841 BTC	$105.51
d2159886dd78a2723259cc55e7131c5d4622ce6a14c37eb51cadd9992f3873c1	12:22	1.80242873 BTC	$80,188.77
8f7a7b51196nc4bdb0cc9319e75c13caf1944c7046faf24004952aa2a0aed07zf	12:22	0.00022207 BTC	$11.11
8c9dfdf9b549a1d465d5d2cfcb3185ad91b067d36b4b63b3233d0c78cf859d60	12:22	0.00006000 BTC	$3.00
46ce5a6635641134fff08a30dca8209585553c450accdf01f1f7240fb9ffbe24	12:22	0.00761070 BTC	$380.85
7e31b9568d549a894819ed19b11d03025141ca429bfhaf699ca73fb92ee0825d	12:22	0.00070666 BTC	$35.36
99d5d4e37f786c414078c8d2dc8cd48afa6cf00f061d81e81e73a974r2becf	12:22	0.00061789 BTC	$30.92
b4dda5553fde5282c1e51fa69e56998e45904b77da93913da62b256aac2960fb	12:22	0.07876440 BTC	$3,941.53
a6f05dce5ca3964bd5fbfb65a52e6a23834507739f1828c368fbc84ba129391a	12:22	1.41705545 BTC	$70,912.32
b8058dce59e4be8e3b2229ad6fc2f0df577a7e58a92981afbb42ba3add006b053	12:22	0.30358853 BTC	$15,192.18
e0fb0dcd87c22b2e11ef7eb3852a7a6a51bca0907d0d63199f6a9e275a40bdd6	12:22	0.00712366 BTC	$356.48
f6038029784bf68bb32047fbd5efecb046d1f0e09c3c7b2035e5h3b6a852445	12:22	0.00029789 BTC	$14.91
a820e18a7e4558e4cd410f1f9fb2134081f4f898ffe2d245540h388e7befbfbf	12:22	0.79690506 BTC	$39,878.74
cbac6ef0689d4a243add5c0b8c40d014d4a33a6e01e8vncd3fbcatfc9aba39c2	12:22	0.54677419 BTC	$27,361.68

*Eine Live-Ansicht des öffentlichen Bitcoin-Hauptbuchs von blockchain.com

Was für ein Netzwerk ist Bitcoin?

Bitcoin ist ein P2P-Netzwerk (Peer-to-Peer). Bei einem Peer-to-Peer-Netzwerk arbeiten viele Computer zusammen, um Aufgaben zu erledigen. Peer-to-Peer-Netzwerke benötigen keine zentrale Behörde und sind ein integraler Bestandteil von Blockchain-Netzwerken und Kryptowährungen.

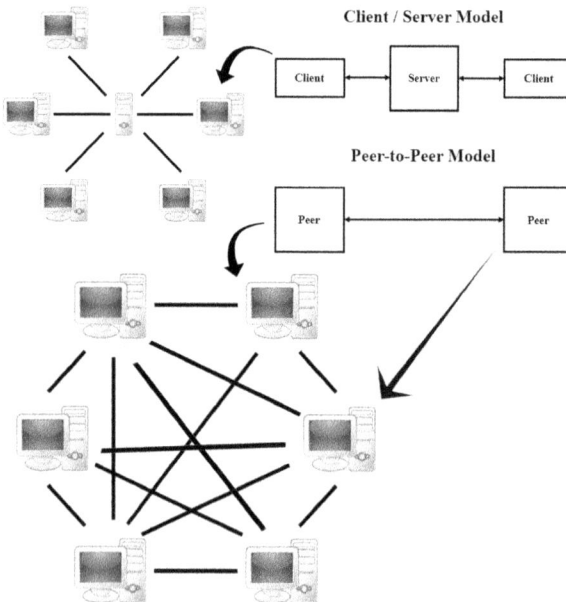

12

12 Erstellt vom Autor; Basierend auf Bildern aus folgenden Quellen:
Mauro Bieg / GNU GPL / File:Server-based-network.svg
Ludovic Ferre / PDM / File:P2P-network.svg
Michel Banki / CC BY-SA 4.0 / File:Client-server_Vs_peer-to-peer_-_en.png

Kann Bitcoin immer noch die Top-Kryptowährung sein, wenn das maximale Angebot erreicht ist?

Der Vorrat an Bitcoin wird zwar zur Neige gehen, aber erst im Jahr 2140. Zu diesem Zeitpunkt werden alle 21 Millionen BTC im Netzwerk sein, und es muss ein anderes Anreiz- oder Versorgungssystem implementiert werden, um das weitere Überleben des Netzwerks zu gewährleisten. Zu erraten, ob Bitoin im Jahr 2140 die Top-Kryptowährung sein wird, ist jedoch so, als würde man im Jahr 1900 fragen, wie das Jahr 2020 aussehen würde. Der technologische Unterschied ist fast unvorstellbar groß, und das technologische Umfeld im 22. Jahrhundert ist ungewiss. Wir werden sehen.

Wie viel Geld verdienen Bitcoin-Miner?

Bitcoin-Miner verdienen zusammen rund 45 Millionen US-Dollar pro Tag und 1,9 Millionen US-Dollar pro Stunde (6,25 Bitcoin pro Block, 144 Blöcke pro Tag). Der Gewinn pro Miner hängt von der Hashing-Leistung, den Stromkosten, der Poolgebühr (falls in einem Pool), dem Stromverbrauch und den Hardwarekosten ab. Online-Mining-Rechner können Gewinne auf der Grundlage all dieser Faktoren schätzen. Der beliebteste dieser Rechner, der von Nicehash bereitgestellt wird, finden Sie bei https://www.nicehash.com/profitability-calculator.

Was ist die Blockhöhe von Bitcoin?

Die Blockhöhe ist die Anzahl der Blöcke in einer Blockchain. Höhe 0 ist der erste Block (auch als "Genesis-Block" bezeichnet), Höhe 1 ist der zweite Block und so weiter; die aktuelle Blockhöhe von Bitcoin beträgt mehr als eine halbe Million. Die "Blockgenerierungszeit" von Bitcoin beträgt derzeit etwa 10 Minuten, was bedeutet, dass der Bitcoin-Blockchain etwa alle 10 Minuten ein neuer Block hinzugefügt wird.

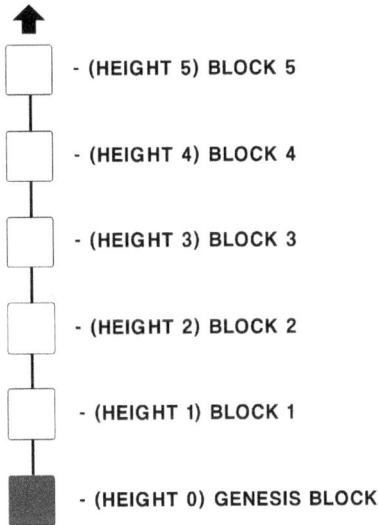

- (HEIGHT 5) BLOCK 5

- (HEIGHT 4) BLOCK 4

- (HEIGHT 3) BLOCK 3

- (HEIGHT 2) BLOCK 2

- (HEIGHT 1) BLOCK 1

- (HEIGHT 0) GENESIS BLOCK

13

Verwendet Bitcoin Atomic Swaps?

Ein Atomic Swap ist eine Smart-Contract-Technologie, die es den Nutzern ermöglicht, zwei verschiedene Coins gegeneinander zu tauschen, ohne einen dritten Vermittler, in der Regel eine Börse, und ohne kaufen oder verkaufen zu müssen. Zentralisierte Börsen wie Coinbase können keine Atomic Swaps durchführen. Stattdessen ermöglichen dezentrale Börsen atomare Swaps und geben den Endnutzern die volle Kontrolle.

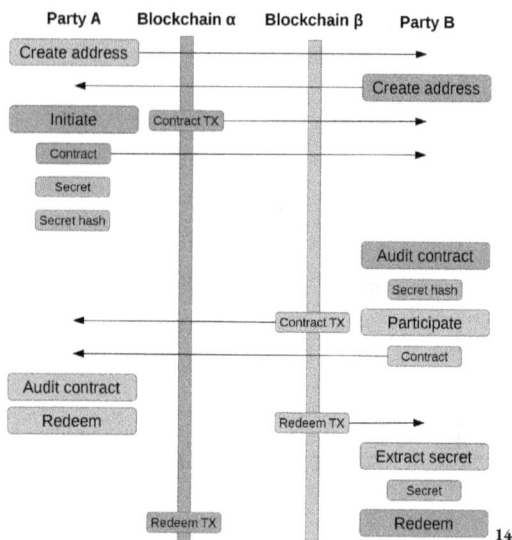

*Visualisierung eines atomaren Swap-Workflows.

---

14 Nickboariu / CC BY-SA 4.0 / File:Atomic_Swap_Workflow.svg

Was sind Bitcoin-Mining-Pools?

Mining-Pools, auch bekannt als Group Mining, beziehen sich auf Gruppen von Personen oder Unternehmen, die ihre Rechenleistung kombinieren, um gemeinsam zu minen und die Belohnungen aufzuteilen. Dies sorgt auch für konstante und nicht für sporadische Erträge.

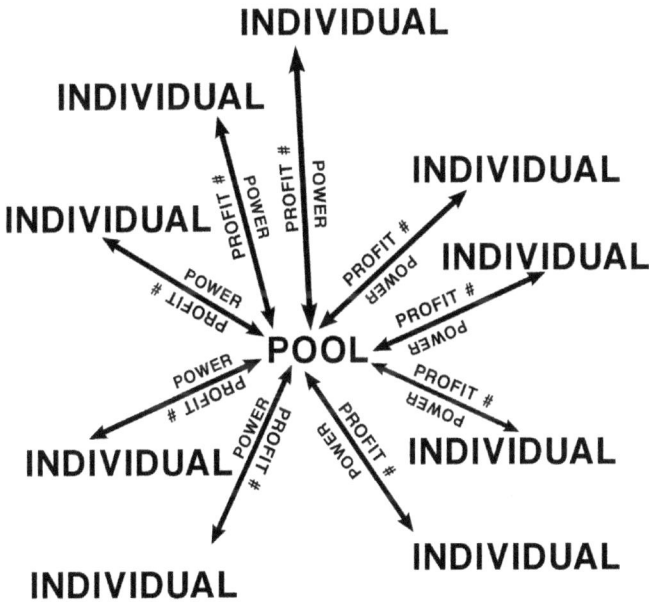

15

Wer sind die größten Bitcoin-Miner?

Abbildung 2.3 zeigt eine Aufschlüsselung der Verteilung der Bitcoin-Miner. Bei den großen Chunks handelt es sich um Mining-Pools, nicht um einzelne Miner, da Pools eine massive Skalierung (in Bezug auf die Rechenleistung) ermöglichen, indem sie ein Netzwerk von Individuen nutzen. Dies wendet im Wesentlichen das sehr Bitcoin-ähnliche Konzept der Verteilung auf das Mining an. Zu den größten Bitcoin-Pools gehören Antpool (ein frei zugänglicher Mining-Pool), ViaBTC (bekannt für seine Sicherheit und Stabilität), Slush Pool (der älteste Mining-Pool) und BTC.com (der größte der vier).

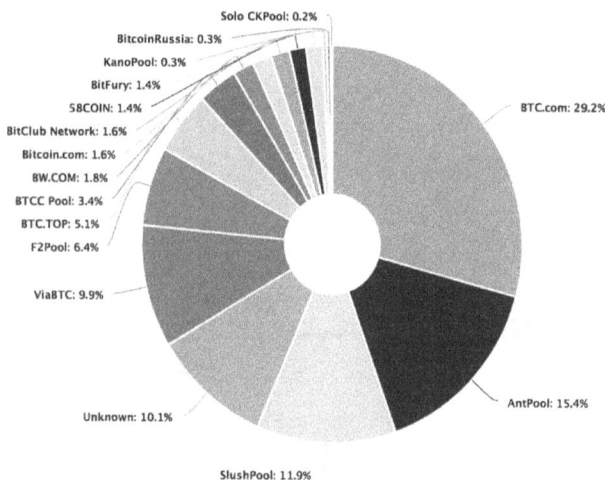

Solo CKPool: 0.2%
BitcoinRussia: 0.3%
KanoPool: 0.3%
BitFury: 1.4%
58COIN: 1.4%
BitClub Network: 1.6%
Bitcoin.com: 1.6%
BW.COM: 1.8%
BTCC Pool: 3.4%
BTC.TOP: 5.1%
F2Pool: 6.4%
ViaBTC: 9.9%
Unknown: 10.1%
SlushPool: 11.9%
BTC.com: 29.2%
AntPool: 15.4%

16

---

[16] "Bitcoin Mining Verteilung 3 | Laden Sie das wissenschaftliche Diagramm herunter."

Ist die Bitcoin-Technologie veraltet?

Ja, die Technologie, die Bitcoin antreibt, ist im Vergleich zu neueren Konkurrenten veraltet. Bitcoin leistete Pionierarbeit und fungierte als Proof-of-Concept für Kryptowährungen, aber wie bei jeder Technologie treibt Innovation voran, und um mit solchen Innovationen Schritt zu halten, bedarf es kohärenter Upgrades, die Bitcoin nicht hatte. Das Bitcoin-Netzwerk kann etwa 7 Transaktionen pro Sekunde verarbeiten, während Ethereum (die zweitgrößte Kryptowährung nach Marktkapitalisierung) 30 Transaktionen pro Sekunde verarbeiten kann und Cardano, die drittgrößte und viel neuere Kryptowährung, etwa 1 Million Transaktionen pro Sekunde verarbeiten kann. Eine Überlastung des Netzwerks im Bitcoin-Netzwerk führt zu viel höheren Gebühren. Auf diese Weise, sowie in Bezug auf Programmierbarkeit, Datenschutz und Energieverbrauch, ist Bitcoin etwas veraltet. Das bedeutet nicht, dass es nicht funktioniert; Das tut es, es bedeutet nur, dass entweder ernsthafte Upgrades implementiert werden sollten oder die Benutzererfahrung sich verschlechtert und die Konkurrenten gedeihen werden. Unabhängig davon hat Bitcoin jedoch einen enormen Markenwert, eine massive Nutzung und Akzeptanz sowie

---

https://www.researchgate.net/figure/Bitcoin-Mining-Distribution-3_fig3_328150068. Abgerufen am 2. September 2021.

Protokolle, die die Arbeit auf sichere Weise erledigen. Das bedeutet lediglich, dass es sich weder um ein Nullsummenspiel handelt, noch wahrscheinlich im besten oder schlechtesten Szenario enden wird. Wir werden wahrscheinlich einen Mittelweg erleben, in dem Bitcoin weiterhin mit Problemen konfrontiert ist, weiterhin Lösungen implementiert und weiter wächst (obwohl sich das Wachstum irgendwann verlangsamen muss), während der Krypto-Raum wächst.

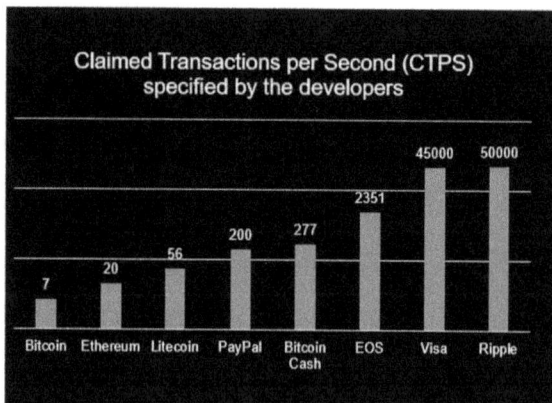

Claimed Transactions per Second (CTPS) specified by the developers

Bitcoin	Ethereum	Litecoin	PayPal	Bitcoin Cash	EOS	Visa	Ripple
7	20	56	200	277	2351	45000	50000

[17] https://investerest.vontobel.com/

[17] "Bitcoin erklärt - Kapitel 7: Skalierbarkeit von Bitcoins - Investerest." https://investerest.vontobel.com/en-dk/articles/13323/bitcoin-explained---chapter-7-bitcoins-scalability/. Abgerufen am 4. September 2021.

Was ist ein Bitcoin-Knoten?

Ein Node ist ein Computer (ein Node kann ein beliebiger Computer sein, nicht ein bestimmter Typ), der mit dem Netzwerk einer Blockchain verbunden ist und die Blockchain beim Schreiben und Validieren von Blöcken unterstützt. Einige Nodes laden eine vollständige Historie ihrer Blockchain herunter. Diese werden Masternodes genannt und führen mehr Aufgaben aus als reguläre Nodes. Darüber hinaus sind die Knoten in keiner Weise an ein bestimmtes Netzwerk gebunden. Nodes können praktisch nach Belieben auf viele verschiedene Blockchains wechseln, wie es beim Multipool-Mining der Fall ist.

Wie funktioniert der
Angebotsmechanismus von Bitcoin?

Bitcoin verwendet einen PoW-Versorgungsmechanismus. Ein Versorgungsmechanismus ist die Art und Weise, wie neue Token in das Netzwerk eingeführt werden. PoW oder "Proof of Work" bedeutet wörtlich, dass Arbeit (in Bezug auf mathematische Gleichungen) erforderlich ist, um Blöcke zu erstellen. Die Menschen, die die Arbeit verrichten, sind Bergleute.

Wie wird die Marktkapitalisierung von Bitcoin berechnet?

Die Gleichung für die Marktkapitalisierung ist sehr einfach: # der Einheiten x Preis pro Einheit. Bitcoin-"Einheiten" sind Münzen, so dass man zur Lösung der Marktkapitalisierung das zirkulierende Angebot (ca. 18,8 Millionen) mit dem Preis pro Münze (ca. 50.000 USD) multiplizieren kann. Die daraus resultierende Zahl (in diesem Fall 940 Milliarden) ist die Marktkapitalisierung.

Können Sie Bitcoin-Kredite vergeben und erhalten?

Ja, Sie können Bitcoin und andere Kryptowährungen nutzen, um einen USD-Kredit aufzunehmen. Solche Kredite sind ideal für Menschen, die ihre Bitcoin-Bestände nicht verkaufen möchten, aber Geld für Ausgaben wie Auto- oder Immobilienzahlungen, Reisen, den Kauf einer Immobilie usw. benötigen. Die Aufnahme eines Darlehens ermöglicht es dem Inhaber, sein Vermögen zu halten und dennoch den im Vermögenswert gebundenen Wert zu nutzen. Darüber hinaus haben Bitcoin-Kredite extrem schnelle Bearbeitungs- und Annahmezeiten, Kredit-Scores spielen keine Rolle und Kredite sind mit einem gewissen Maß an Vertraulichkeit verbunden (was bedeutet, dass Kreditgeber kein Interesse daran haben, wofür Sie das Geld ausgeben). Als Kreditgeber ist es eine gute Strategie, Erträge aus ansonsten sitzenden Beteiligungen zu erzielen. auf beiden Seiten liegt das Risiko vor allem in den Schwankungen von Bitcoin. So oder so, es ist ein faszinierendes Geschäft, das gerade erst anfängt und ein wirklich massives Wachstumspotenzial hat. Die beliebtesten Dienste, um Bitcoin- und Coin-Kredite zu vergeben und zu erhalten, sind blockfi.com, Lendabit, Youhodler, BTCPOP, coinloan.io und mycred.io.

Was sind die größten Probleme mit Bitcoin?

Bitcoin ist leider nicht perfekt. Es war das erste seiner Art, und keine neue Technologie wird beim ersten Versuch perfektioniert. Das größte aktuelle und langfristige Problem, mit dem Bitcoin konfrontiert ist, ist das der Energie und der Größe. Bitcoin arbeitet über ein PoW-System (Proof-of-Work), und der daraus resultierende Nachteil ist ein hoher Energieverbrauch. Bitcoin verbraucht derzeit 78 tW/Stunde pro Jahr (von denen ein Großteil, wenn auch nicht alles, Kohlenstoff verwendet). Zum Vergleich: Eine Terawattstunde ist eine Energieeinheit, die einer Billion Watt für eine Stunde entspricht. Trotzdem verbraucht das Bitcoin-Netzwerk dreimal weniger Energie als das traditionelle Geldsystem; Das Problem liegt im Energieverbrauch bei der Massenakzeptanz und beim Energieverbrauch im Vergleich zu anderen Kryptowährungen.[18] Ein PoS-System (Proof-of-Stake), wie es von Ethereum verwendet wird, verbraucht 99,95 % weniger Energie als eine PoW-Alternative.[19] Dies

---

[18] "Banken verbrauchen mehr als dreimal so viel Energie wie Bitcoin ..." https://bitcoinist.com/banks-consume-energy-bitcoin/.

[19] "Proof-of-Stake könnte Ethereum um 99,95 % energieeffizienter machen ..." https://www.morningbrew.com/emerging-tech/stories/2021/05/19/proofofstake-make-ethereum-9995-energyefficient-work.

ist wichtiger als alle absoluten Energieverbrauchsdaten, denn es deutet darauf hin, dass Bitcoin das Potenzial hat, viel weniger Energie zu verbrauchen, als es derzeit der Fall ist, auch wenn ein idealer Energiebedarf noch in weiter Ferne liegt. Neben der Größe ist ein ebenso wichtiges Problem, mit dem Bitcoin auf lange Sicht konfrontiert ist (nicht in Bezug auf das Überleben, sondern in Bezug auf den Wert), der Nutzen. Bitcoin hat wenig inhärenten Nutzen und dient eher als Wertaufbewahrungsmittel denn als Technologie. Man könnte argumentieren, dass Bitcoin eine Nische füllt und sich wie ein digitales Gold verhält, aber das zweischneidige Schwert einer sitzenden Nische ist, dass die Volatilität von Bitcoin für ein langfristiges Wertaufbewahrungsmittel extrem hoch ist und irgendwann entweder die Volatilität abnehmen muss oder die Nutzung auf die Bevölkerungsgruppe beschränkt bleibt, die mit hoher Volatilität vertraut ist. Zumindest wirft die Frage nach dem Nutzen die Frage nach Altcoin-Alternativen auf; da die Anwendungsfälle von Kryptowährungen vielfältig sind, insbesondere in Bezug auf den Nutzen, und daher müssen und werden andere Kryptowährungen als Bitcoin auf lange Sicht in großem Maßstab existieren. Die Frage, welche, wenn sie richtig beantwortet wird, sehr gewinnbringend sein wird.

Hat Bitcoin Münzen oder Token?

Bitcoin besteht aus Coins, aber es ist wichtig, den Unterschied zwischen Token und Coins zu verstehen. Ein Kryptowährungs-Token ist eine digitale Einheit, die einen Vermögenswert darstellt, genau wie eine Münze. Während Coins jedoch auf einer eigenen Blockchain basieren, basieren Token auf einer anderen Blockchain. Viele Token verwenden die Ethereum-Blockchain und werden daher als Token und nicht als Coins bezeichnet. Münzen werden nur als Geld verwendet, während Token ein breiteres Anwendungsspektrum haben. Das Verständnis von Token ist ein wesentlicher Bestandteil, um genau zu verstehen, was Sie handeln, sowie um alle Verwendungsmöglichkeiten digitaler Währungen zu verstehen, und aus diesen Gründen werden die beliebtesten Token-Unterkategorien hier analysiert:

1. *Security Token* stellen das rechtliche Eigentum an einem Vermögenswert dar, unabhängig davon, ob es sich um einen digitalen oder physischen Vermögenswert handelt. Das Wort "Sicherheit" in Security Token bedeutet nicht Sicherheit im Sinne von sicher, sondern "Sicherheit" bezieht sich auf jedes Finanzinstrument, das einen Wert hat und gehandelt werden kann. Grundsätzlich stellen Security Token eine Investition oder einen Vermögenswert dar.

2. *Utility-Token* sind in ein vorhandenes Protokoll integriert und können auf die Dienste dieses Protokolls zugreifen. Denken Sie daran, dass Protokolle Regeln und eine Struktur für Knoten bereitstellen, denen sie folgen müssen, und Utility-Token können für breitere Zwecke als nur als Zahlungstoken verwendet werden. Zum Beispiel werden Utility-Token häufig während eines ICO an Investoren vergeben. Später können Anleger die Utility-Token, die sie erhalten haben, als Zahlungsmittel auf der Plattform verwenden, von der sie die Token erhalten haben. Das Wichtigste, was man im Hinterkopf behalten sollte, ist, dass Utility-Token mehr tun können, als nur als Mittel zum Kauf oder Verkauf von Waren und Dienstleistungen zu dienen.

3. *Governance-Token* werden verwendet, um ein Abstimmungssystem für Kryptowährungen zu erstellen und zu betreiben, das System-Upgrades ohne einen zentralen Eigentümer ermöglicht.

4. *Zahlungs-Token (Transaktions-)Token* werden ausschließlich zur Bezahlung von Waren und Dienstleistungen verwendet.

Kann man Geld verdienen, indem man nur Bitcoin hält?

Viele Münzen bieten Belohnungen nur für das Halten des Vermögenswerts; Ethereum-Inhaber werden bald 5% effektiven Jahreszins auf gestakte ETH verdienen. Das wichtige Wort ist jedoch "gestakt", da alle Coins, die Geld nur für das Halten der Münze oder des Tokens bieten (sogenannte "Staking-Belohnungen"), mit einem PoS-System (Proof-of-Stake) und einem Algorithmus arbeiten. Ein PoS-Algorithmus ist eine Alternative zu PoW (Proof-of-Work), der es einer Person ermöglicht, Transaktionen basierend auf der Anzahl der im Besitz befindlichen Coins zu minen und zu validieren. Bei PoS gilt: Je mehr Sie besitzen, desto mehr minen Sie. Ethereum könnte bald auf Proof-of-Stake laufen, und viele Alternativen tun dies bereits. Trotzdem können Sie immer noch Zinsen auf Ihre Bitcoin verdienen, indem Sie sie an Kreditnehmer verleihen.

Hat Bitcoin Slippage?

Um etwas Kontext zu schaffen: Slippage kann auftreten, wenn ein Trade mit einer Market-Order platziert wird. Market Orders versuchen, zum bestmöglichen Preis ausgeführt zu werden, aber manchmal kommt es zu einem bemerkenswerten Unterschied zwischen dem erwarteten Preis und dem tatsächlichen Preis. Zum Beispiel können Sie sehen, dass examplecoin bei 100 $ liegt, also geben Sie eine Marktorder für 1000 $ auf. Am Ende erhalten Sie jedoch nur 9,8 Beispielmünzen für Ihre 1000 $, im Gegensatz zu den erwarteten 10. Slippage tritt auf, weil sich die Geld-Brief-Spannen schnell ändern (im Grunde genommen hat sich der Marktpreis geändert). Bitcoin und die meisten Kryptowährungen sind anfällig für Slippage; Aus diesem Grund sollten Sie, wenn Sie eine große Order platzieren, eine Limit-Order anstelle einer Market-Order platzieren. Dadurch wird ein Schlupf vermieden.

Welche Bitcoin-Akronyme sollte ich kennen?

ATH

Akronym bedeutet "Allzeithoch". Dies ist der höchste Preis, den eine Kryptowährung innerhalb eines bestimmten Zeitraums erreicht hat.

ATL

Akronym für "Allzeittief". Dies ist der niedrigste Preis, den eine Kryptowährung innerhalb eines bestimmten Zeitraums erreicht hat.

BTD

Akronym für "Buy the Dip". Kann auch, zusammen mit etwas salziger Sprache, als BTFD dargestellt werden.

CEX

Akronym bedeutet "zentralisierte Börse". Zentralisierte Börsen sind im Besitz eines Unternehmens, das Transaktionen verwaltet. Coinbase ist ein beliebter CEX.

ICO (ICO)

"Initial Coin Offering."

P2P

"Füße sind Füße."

PND

"Pumpen und entleeren."

ROI

"Return on Investment."

DLT

Akronym bedeutet "Distributed Ledger Technology". Ein Distributed Ledger ist ein Ledger, das an vielen verschiedenen Orten gespeichert wird, sodass Transaktionen von mehreren Parteien validiert werden können. Blockchain-Netzwerke verwenden verteilte Ledger.

SATS

SATS ist die Abkürzung für Satoshi Nakamoto, das Pseudonym des Schöpfers von Bitcoin. Ein SATS ist die kleinste erlaubte Einheit von Bitcoin, die 0,00000001 BTC beträgt. Die kleinste Einheit von Bitcoin wird auch einfach als Satoshi bezeichnet.

Welchen Bitcoin-Slang sollte ich kennen?

Tasche

Eine Tasche bezieht sich auf die eigene Position. Wenn Sie zum Beispiel eine beträchtliche Menge an einer Münze besitzen, besitzen Sie eine Tüte davon.

Taschenhalter

Ein Taschenhalter ist ein Händler, der eine Position in einer wertlosen Münze hat. Taschenhalter hoffen oft auf ihre wertlose Position

Delfin

Krypto-Inhaber werden durch mehrere verschiedene Tiere klassifiziert. Diejenigen mit extrem großen Beständen, wie z.B. in den 10er Millionenbereichen, werden als Wale bezeichnet, während diejenigen mit mäßig großen Beständen als Delfine bezeichnet werden.

Flippening / Flappening

Das "Flippening" wird verwendet, um den hypothetischen Moment zu beschreiben, in dem Etherium (ETH), wenn überhaupt, Bitcoin (BTC) in der Marktkapitalisierung überholt hat. Das "Flappening" war der Moment, in dem Litecoin (LTC) Bitcoin Cash (BCH) in der Marktkapitalisierung überholte. Das Flappening fand 2018 statt, während das Flappening noch nicht stattgefunden hat und rein auf der Grundlage der Marktkapitalisierung wahrscheinlich nie passieren wird.

Mond / Zum Mond

Begriffe wie "zum Mond" und "es geht zum Mond" beziehen sich einfach darauf, dass Kryptowährungen im Wert steigen, in der Regel um einen extremen Betrag.

Vaporware

Vaporware ist eine Münze oder ein Token, der hochgejubelt wurde, aber wenig inneren Wert hat und wahrscheinlich an Wert verlieren wird.

Wladimir-Klub

Ein Begriff, der jemanden beschreibt, der 1 % von 1 % (0,01 %) des maximalen Angebots einer Kryptowährung erworben hat.

Schwache Hände

Tradern, die Sie "schwache Hände" haben, fehlt das Vertrauen, ihr Vermögen in der zu halten. angesichts der Volatilität und handeln oft mit Emotionen, anstatt sich an ihren Handelsplan zu halten.

REKT

Phonetische Schreibweise von "wrecked".

HODL

"Halte dich fest, um dein Leben zu retten."

DYOR

"Recherchieren Sie selbst."

FOMO

"Angst, etwas zu verpassen."

FUD

"Angst, Unsicherheit und Zweifel."

JOMO

"Freude, etwas zu verpassen."

ELI5

"Erkläre es, als wäre ich 5."

Können Sie Hebel und Margen für den Handel mit Bitcoin verwenden?

Um denjenigen, die mit dem Handel mit Hebelwirkung nicht vertraut sind, einen Kontext zu bieten, können Händler die Handelsmacht "nutzen", indem sie mit geliehenen Geldern von Dritten handeln. Nehmen wir zum Beispiel an, Sie haben 1.000 US-Dollar und verwenden einen 5-fachen Hebel; Sie handeln jetzt mit Geldern im Wert von 5.000 US-Dollar, von denen Sie 4.000 US-Dollar geliehen haben. Bei derselben Funktion beträgt der 10-fache Hebel 10.000 USD und der 100-fache 100.000 USD. Die Hebelwirkung ermöglicht es Ihnen, Gewinne zu steigern, indem Sie Geld verwenden, das Ihnen nicht gehört, und einen Teil des zusätzlichen Gewinns behalten. Der Margin-Handel ist fast austauschbar mit dem Leverage-Handel (da die Margin eine Hebelwirkung erzeugt) und der einzige Unterschied besteht darin, dass die Margin als erforderliche prozentuale Einlage ausgedrückt wird, während die Hebelwirkung ein Verhältnis ist (was bedeutet, dass Sie mit einem 3-fachen Hebel margen handeln können). Leverage- und Margin-Handel ist sehr riskant; Im Allgemeinen wird der Handel mit Hebelwirkung nicht empfohlen, es sei denn, Sie haben einen erfahrenen Trader und verfügen über eine gewisse finanzielle Stabilität. Allerdings bieten viele Börsen gehebelte Handelsdienste für Bitcoin und andere Kryptowährungen an. Im Folgenden sind die besten Dienste aufgeführt, die den Handel mit Krypto-Hebeln anbieten:

- Binance (beliebt, insgesamt am besten)
- Bybit (beste Charts)
- BitMEX (am einfachsten zu bedienen)
- Deribit (am besten für den gehebelten Bitcoin-Handel)
- Kraken (beliebt, benutzerfreundlich)
- Poloniex (hohe Liquidität)

Was ist eine Bitcoin-Blase?

Eine Blase bei Bitcoin und allen Investitionen bezieht sich auf eine Zeit, in der alles mit einer unhaltbaren Geschwindigkeit steigt. Oft platzen Blasen und lösen einen großen Absturz aus. Aus diesem Grund ist es sowohl eine gute als auch (mehr) eine schlechte Sache, sich in einer Blase zu befinden, egal ob sie sich auf den Markt als Ganzes oder eine bestimmte Münze oder einen bestimmten Token bezieht.

Was bedeutet es, bei Bitcoin "bullish" oder "bearish" zu sein?

Ein Bär zu sein bedeutet, dass Sie glauben, dass der Preis einer Münze, eines Tokens oder der Wert des Marktes als Ganzes sinken wird. Wenn Sie so denken, gelten Sie auch als "bärisch" für das gegebene Wertpapier. Das Gegenteil ist, bullisch zu sein: Eine Person, die glaubt, dass ein Wertpapier im Wert steigen wird, ist optimistisch für dieses Wertpapier. Diese Wörter wurden in der Börsenterminologie populär gemacht, und es wird angenommen, dass der Ursprung mit den Eigenschaften der Tiere zusammenhängt: Ein Stier streckt seine Hörner nach oben, während er einen Gegner angreift, während ein Bär aufsteht und nach unten streicht.

Ist Bitcoin zyklisch?

Ja, Bitcoin ist historisch zyklisch und neigt dazu, in mehrjährigen Zyklen (insbesondere 4-Jahres-Zyklen) zu operieren, die in der Vergangenheit in die folgenden unterteilt sind: Durchbruchshochs, eine Korrektur, Akkumulation und schließlich Erholung und Fortsetzung. Dies kann vereinfacht werden in ein großes Aufwärts, ein großes Abwärts, ein kleines Aufwärts oder Seitwärts und ein großes Aufwärts. Durchbruchshochs folgen in der Regel (normalerweise etwa ein Jahr danach) den Halbierungsereignissen von Bitcoin, die alle vier Jahre stattfinden (zuletzt im Jahr 2020). Dies ist keineswegs eine exakte Wissenschaft, aber es bietet eine Perspektive auf das mittelfristige Potenzial und die Preisentwicklung von Bitcoin. Darüber hinaus kommt es in der Regel zu großen Sprüngen bei Altcoins (insbesondere bei mittleren und kleinen Altcoins), während Bitcoin weder eine große Aufwärts- noch eine große Abwärtsbewegung macht und oft einer großen Aufwärtsbewegung folgt. An einem solchen Punkt nehmen Anleger Bitcoin-Gewinne mit (während sich der Preis konsolidiert) und stecken sie in kleinere Coins. All dies ist also im Allgemeinen etwas, worüber Sie nachdenken sollten, insbesondere wenn Sie darüber nachdenken, Bitcoin zu kaufen oder zu verkaufen.

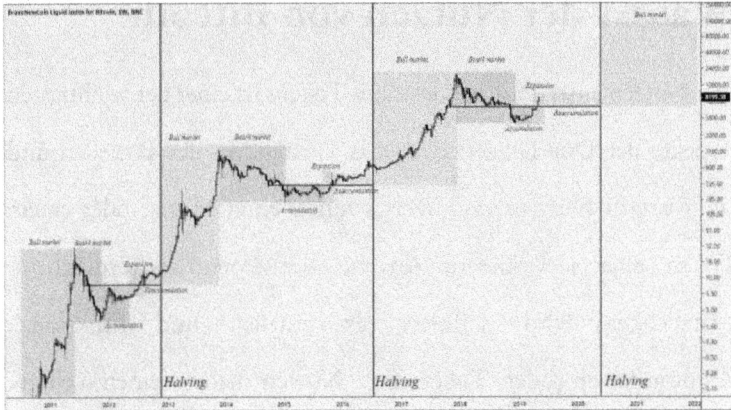

2021

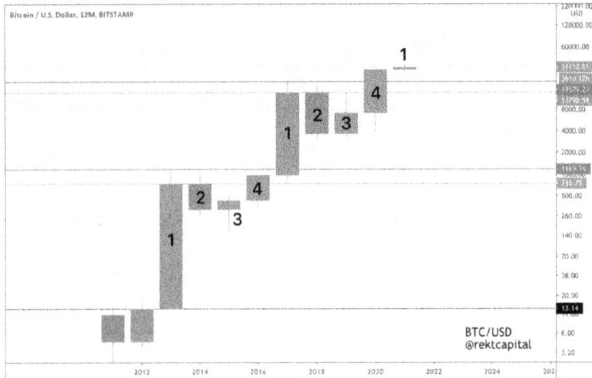

22

20

[21] "Detaillierte Aufschlüsselung der vier Jahreszyklen von Bitcoin | Forex Academy." 10. Feb. 2021, https://www.forex.academy/detailed-breakdown-of-bitcoins-four-years-cycles/. Abgerufen am 4. September 2021.</p>

[22] "Eine detaillierte Aufschlüsselung der Vierjahreszyklen von Bitcoin | Hacker Mittag." 29. Okt. 2020, https://hackernoon.com/a-detailed-breakdown-of-bitcoins-four-year-cycles-icp3z0q. Abgerufen am 4. September 2021.</p>

Was ist der Nutzen von Bitcoin?

Der Nutzen einer Münze oder eines Tokens ist einer der wichtigsten Aspekte der Due Diligence, da das Verständnis des aktuellen und langfristigen Nutzens und Wertes hinter einer Münze oder einem Token eine viel klarere Analyse des Potenzials ermöglicht. Nützlichkeit wird definiert als nützlich und funktional; Kryptomünzen oder Token mit Nutzen haben einen echten, praktischen Nutzen: Sie existieren nicht nur, sondern dienen dazu, ein Problem zu lösen oder eine Dienstleistung anzubieten. Münzen mit den funktionalsten aktuellen Verwendungszwecken und Anwendungsfällen werden wahrscheinlich erfolgreich sein, im Gegensatz zu solchen ohne fortgesetzten Zweck, Verwendung und Innovation. Hier sind ein paar Fallstudien, darunter die von Bitcoin:

- ❖ Bitcoin (BTC) dient als zuverlässiges und langfristiges Wertaufbewahrungsmittel, ähnlich wie "digitales Gold".

- ❖ Ethereum (ETH) ermöglicht die Erstellung von dApps und Smart Contracts auf der Ethereum-Blockchain.

- ❖ Mit Storj (STORJ) lassen sich Daten dezentral in der Cloud speichern, ähnlich wie Google Drive und Dropbox.

- ❖ Basic Attention Token (BAT) wird im Brave-Browser verwendet, um Belohnungen zu verdienen und Trinkgelder an Ersteller zu senden.

❖ Golem (GNT) ist ein globaler Supercomputer, der mietbare Rechenressourcen im Austausch gegen GNT-Token anbietet.

Ist es besser, Bitcoin zu halten oder damit zu handeln?

Historisch gesehen ist es profitabler und einfacher, Bitcoin einfach zu halten. Die Zeit, der Aufwand und das Timing, die erforderlich sind, um erfolgreich zu handeln (oder einen größeren Gewinn zu erzielen als diejenigen, die halten), ist eine enorm schwierig zusammenzustellende Mischung; Diejenigen, die es tun, sind in der Regel Vollzeit-Trader oder haben Zugang zu Tools, die andere nicht haben. Wenn Sie nicht bereit sind, dieses Maß an Hingabe anzunehmen oder den Prozess wirklich zu genießen, sind Sie viel besser dran, Bitcoin langfristig zu halten und zu kaufen.

Ist eine Investition in Bitcoin riskant?

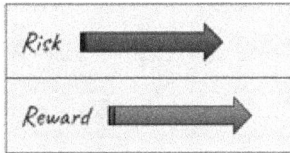

Das obige Bild basiert auf dem Risiko-Rendite-Prinzip. Wenn man sieht, wie alle anderen Geld verdienen (was durch die sozialen Medien weitgehend und gefährlich ermöglicht wird, da jeder die Gewinne und nicht die Verluste postet), wie es derzeit auf dem Kryptomarkt geschieht, neigen wir dazu, unbewusst (oder bewusst) einen Mangel an signifikantem Risiko anzunehmen. Im Allgemeinen (insbesondere in Bezug auf Investitionen) gilt jedoch: Je mehr Rendite es gibt, desto größer ist das Risiko. Die Investition in Kryptowährungen ist weder risikofrei noch risikoarm; Es ist extrem riskant, aber da es ein zweischneidiges Schwert ist, bietet es auch eine extreme Belohnung.

Was ist das Bitcoin-Whitepaper?

Ein Whitepaper ist ein Informationsbericht, der von einer Organisation über ein bestimmtes Produkt, eine bestimmte Dienstleistung oder eine allgemeine Idee herausgegeben wird. Whitepaper erklären (verkaufen) das Konzept und bieten eine Idee und einen Zeitplan für zukünftige Veranstaltungen. Im Allgemeinen hilft dies den Lesern, ein Problem zu verstehen, herauszufinden, wie die Ersteller des Artikels dieses Problem lösen wollen, und sich eine Meinung über dieses Projekt zu bilden. Es gibt drei Arten von Whitepapern, die häufig im Geschäftsbereich zu finden sind: Erstens der "Backgrounder", der den Hintergrund hinter einem Produkt, einer Dienstleistung oder einer Idee erklärt und technische, bildungsorientierte Informationen liefert, die den Leser verkaufen. Eine zweite Art von Whitepaper ist eine "nummerierte Liste", die Inhalte in einem verdaulichen, zahlenorientierten Format anzeigt. Zum Beispiel: "10 Anwendungsfälle für Coin CM" oder "10 Gründe, warum Token HL den Markt dominieren wird". Ein letzter Typ ist ein Problem-/Lösungs-Whitepaper, das das Problem definiert, das mit dem Produkt, der Dienstleistung oder der Idee gelöst werden soll, und die erstellte Lösung erläutert.

Whitepaper werden im Krypto-Bereich verwendet, um neuartige Konzepte und die technischen Details, Visionen und Pläne rund um ein bestimmtes Projekt zu erklären. Alle professionellen Krypto-Projekte verfügen über ein Whitepaper, das in der Regel auf ihrer Website zu finden ist. Durch die Lektüre des Whitepapers erhalten Sie ein besseres Verständnis eines Projekts als praktisch jede andere Quelle für zugängliche Informationen. Das Whitepaper von Bitcoin wurde 2008 veröffentlicht und skizzierte die Prinzipien eines transparenten und unkontrollierbaren kryptographisch sicheren, verteilten und elektronischen P2P-Zahlungssystems. Sie können das Original-Bitcoin-Whitepaper unter folgendem Link selbst lesen:

bitcoin.org/bitcoin.pdf

Im Folgenden finden Sie einige Websites, die weitere Informationen zu oder Zugang zu Kryptowährungs-Whitepapers bieten.

Alle Krypto-Whitepaper

https://www.allcryptowhitepapers.com/

CryptoRating

https://cryptorating.eu/whitepapers/

Was sind Bitcoin-Schlüssel?

Ein Schlüssel ist eine zufällige Zeichenfolge, die von Algorithmen zum Verschlüsseln von Daten verwendet wird. Bitcoin und die meisten Kryptowährungen verwenden zwei Schlüssel: einen öffentlichen Schlüssel und einen privaten Schlüssel. Beide Schlüssel bestehen aus Buchstaben- und Zahlenfolgen. Sobald ein Benutzer seine erste Transaktion initiiert, wird ein Paar aus einem öffentlichen und einem privaten Schlüssel erstellt. Der öffentliche Schlüssel wird verwendet, um Kryptowährungen zu empfangen, während der private Schlüssel es dem Benutzer ermöglicht, Transaktionen von seinem Konto aus durchzuführen. Beide Schlüssel werden in einer Wallet aufbewahrt.

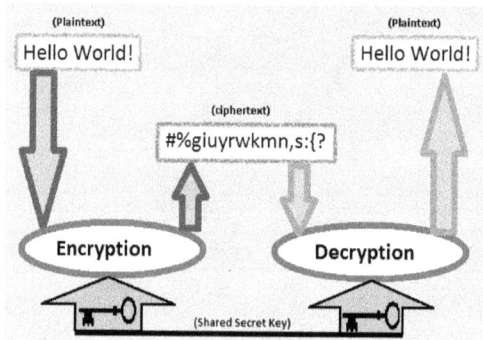

(Plaintext) Hello World! (Plaintext) Hello World!

(ciphertext) #%giuyrwkmn,s:{?

Encryption   Decryption

(Shared Secret Key)

23

---

23 Dev-NJITWILL / PDM / File:Crypto.png

Ist Bitcoin knapp?

Ja. Bitcoin ist ein deflationärer Vermögenswert mit einem festen Angebot. Kryptowährungen mit festem Angebot haben ein algorithmisches Angebotslimit. Bitcoin ist, wie bereits erwähnt, ein Vermögenswert mit festem Angebot, da keine weiteren Münzen geschaffen werden können, sobald 21 Millionen in Umlauf gebracht wurden. Derzeit werden fast 90 % der Bitcoins geschürft und etwa 0,5 % des Gesamtangebots werden pro Jahr aus dem Verkehr gezogen (aufgrund von Münzen, die an unzugängliche Konten gesendet werden). Gemäß der Halbierung (dazu später mehr) wird Bitcoin sein maximales Angebot um das Jahr 2140 erreichen. Viele andere Kryptowährungen (von der Website cryptoli.st, sehen Sie sie sich selbst an, wenn Sie an anderen Krypto-Listen interessiert sind) wie Binance Coin (BNB), Cardano (ADA), Litecoin (LTC) und ChainLink (LINK) basieren ebenfalls auf einem deflationären System mit festem Angebot. Weitere Informationen über das Konzept deflationärer Systeme und warum dies Bitcoin knapp macht, finden Sie in der Frage "Was bedeutet es, dass Bitcoin deflationär ist?" weiter unten.

Was sind Bitcoin-Wale?

Wale beziehen sich in der Kryptowährung auf Personen oder Unternehmen, die genug von einer bestimmten Münze oder einem bestimmten Token halten, um als Hauptakteure mit dem Potenzial zu gelten, die Preisbewegung zu beeinflussen. Rund 1000 einzelne Bitcoin-Wale besitzen 40 % aller Bitcoins, und 13 % aller Bitcoin werden auf etwas mehr als 100 Konten gehalten.[24] Bitcoin-Wale können den Preis von Bitcoin durch verschiedene Strategien manipulieren, und das haben sie in den letzten Jahren sicherlich getan. Ein interessanter verwandter Artikel (veröffentlicht von Medium) ist "Bitcoin Whales and Crypto Market Manipulation".

---

[24] "Die seltsame Welt der Bitcoin-Wale 22. Januar 2021, https://www.telegraph.co.uk/technology/2021/01/22/weird-world-bitcoin-whales-2500-people-control-40pc-market/.

Wer sind Bitcoin-Miner?

Bitcoin-Miner sind alle, die dem Bitcoin-Netzwerk Rechenleistung verleihen. Dies reicht von Nicehash-PC-Benutzern bis hin zu kompletten Mining-Farmen; Jeder, der dem Netzwerk irgendeine Leistung hinzufügt (und damit die Hash-Rate erhöht), wird als Miner definiert. Bitcoin-Miner bieten dem Bitcoin-Netzwerk Rechenleistung, die zur Überprüfung von Transaktionen und zum Hinzufügen von Blöcken zur Blockchain verwendet wird, im Gegenzug für Belohnungen in Bitcoin.

Was bedeutet es, Bitcoin zu "verbrennen"?

Der Begriff "verbrannt" bezieht sich auf den Prozess des Verbrennens, bei dem es sich um einen Versorgungsmechanismus handelt, der es ermöglicht, Münzen aus dem Umlauf zu nehmen, wodurch als deflationäres Instrument fungiert und der Wert jeder anderen Münze im Netzwerk erhöht wird (das Konzept ähnelt einem Unternehmen, das Aktien an der Börse zurückkauft). Das Brennen kann auf verschiedene Arten durchgeführt werden: Eine dieser Möglichkeiten besteht darin, Münzen an eine unzugängliche Brieftasche zu senden, die als "Eater-Adresse" bezeichnet wird. In diesem Fall wurden die Token zwar technisch gesehen nicht aus dem Gesamtangebot entfernt, aber das zirkulierende Angebot ist effektiv gesunken. Derzeit sind durch diesen Prozess rund 3,7 Millionen Bitcoins (200+ Milliarden Wert) verloren gegangen. Token können auch verbrannt werden, indem eine Burn-Funktion in die Protokolle codiert wird, die ein Token steuern, aber die weitaus beliebtere Option sind die erwähnten Eater-Adressen. Eine Kryptowährungsanalyse namens Timothy Paterson hat behauptet, dass jeden Tag 1.500 Bitcoins verloren gehen, was den durchschnittlichen täglichen Anstieg (durch Mining) von 900 bei weitem übersteigt. Letztendlich erhöht der

Verlust von Münzen bis zu einem gewissen Punkt die Knappheit und den Wert.

Was bedeutet es, dass Bitcoin deflationär ist?

Bitcoin ist ein Vermögenswert mit festem Angebot (was bedeutet, dass das Münzangebot ein algorithmisches Limit hat), da keine weiteren Münzen geschaffen werden können, sobald 21 Millionen in Umlauf gebracht wurden. Derzeit sind fast 90 % der Bitcoins geschürft, und etwa 0,5 % des gesamten Angebots gehen pro Jahr verloren. Infolge der Halbierung wird Bitcoin sein maximales Angebot um das Jahr 2140 erreichen. Der offensichtlichste Vorteil eines Systems mit fester Versorgung besteht darin, dass solche Systeme deflationär sind. Deflationäre Vermögenswerte sind Vermögenswerte, bei denen das Gesamtangebot im Laufe der Zeit abnimmt und daher jede Einheit an Wert gewinnt. Nehmen wir zum Beispiel an, du bist mit 10 anderen Personen auf einer einsamen Insel gestrandet und jede Person hat 1 Flasche Wasser. Da einige Menschen vermutlich ihr Wasser trinken werden, kann der Gesamtvorrat von 100 Flaschen Wasser nur sinken. Das macht das Wasser zu einem deflationären Vermögenswert. Wenn der Gesamtvorrat schrumpft, wird jede Wasserflasche immer mehr wert. Sagen wir, jetzt sind nur noch 20 Wasserflaschen übrig. Jede der 20 Wasserflaschen ist so viel wert, wie einst 5 Wasserflaschen wert waren, als alle 100 im Umlauf waren. Auf diese Weise erleben langfristige Inhaber von deflationären Vermögenswerten einen Wertzuwachs ihrer Bestände, da der fundamentale Wert im Verhältnis zum Ganzen (im Beispiel der Wasserflasche ist 1 Flasche von 100 % 1 %, während 1 von 20 5 % entspricht, wodurch jede Flasche 5x mehr wert ist) gestiegen ist.

Insgesamt wird ein Modell mit festem Angebot und Deflation, ähnlich wie digitales Gold (insbesondere in Bezug auf Bitcoin), den fundamentalen Wert jeder Münze oder jedes Tokens im Laufe der Zeit erhöhen und durch Knappheit Wert schaffen.

Wie hoch ist das Volumen von Bitcoin?

Das Handelsvolumen, kurz "Volumen" genannt, ist die Anzahl der Münzen oder Token, die innerhalb eines bestimmten Zeitraums gehandelt werden. Das Volumen kann die relative Gesundheit einer bestimmten Münze oder des Gesamtmarktes anzeigen. Zum jetzigen Zeitpunkt hat Bitcoin (BTC) beispielsweise ein 24-Stunden-Volumen von 46 Mrd. $, während Litecoin (LTC) im gleichen Zeitraum 7 Mrd. $ gehandelt wurde. Diese Zahl selbst ist jedoch etwas willkürlich; Ein standardisiertes Vergleichsmittel innerhalb des Volumens ist das Verhältnis zwischen Marktkapitalisierung und Volumen. Zum Beispiel hat Bitcoin eine Marktkapitalisierung von 1,1 Billionen US-Dollar und ein Volumen von 46 Milliarden US-Dollar, was bedeutet, dass in den letzten 24 Stunden 1 von 24 US-Dollar im Netzwerk gehandelt wurde. Litecoin hat eine Marktkapitalisierung von 16,7 Mrd. $ und ein 24-Stunden-Volumen von 7 Mrd. $, was bedeutet, dass 1 von 2,3 $ im Netzwerk in den letzten 24 Stunden gehandelt wurde. Durch das Verständnis des Volumens können andere Informationen über eine Münze, wie Popularität, Volatilität, Nutzen usw., besser verstanden werden.

Informationen zum Volumen von Bitcoin und anderen Kryptowährungen finden Sie im Folgenden:

CoinMarketCap - coinmarketcap.com

CoinGecko – coingecko.com

Wie wird Bitcoin geschürft?

Bitcoin wird durch die Anwendung von Knoten geschürft (Knoten, um es zusammenzufassen, sind Computer im Netzwerk). Nodes lösen komplexe Hashing-Probleme, und Besitzer von Nodes werden proportional zum Umfang der geleisteten Arbeit (daher Proof-of-Work) belohnt. Auf diese Weise können die Besitzer von Nodes (sogenannte Miner) Bitcoin schürfen.

Kann man mit Bitcoin USD bekommen?

Ja! In der Frage direkt darunter erfährst du mehr über Paare. Fiat-Währungen können durch ein Fiat-zu-Krypto-Paar in und aus Bitcoin umgewandelt werden. Das Bitcoin-zu-USD-Paar ist BTC/USD. US-Dollar sind die Notierungswährung für Bitcoin und andere Währungen, was bedeutet, dass USD der Maßstab ist, mit dem andere Kryptowährungen verglichen werden; Aus diesem Grund können Sie sagen: "Bitcoin hat 50.000 erreicht", während Bitcoin wirklich nur einen Wert von 50.000 US-Dollar erreicht hat.

Was ist ein Bitcoin-Paar?

Alle Kryptowährungen arbeiten paarweise. Ein Paar ist eine Kombination aus zwei Kryptowährungen, die den Austausch solcher Kryptos ermöglicht. Ein BTC/ETH-Paar (Krypto-zu-Krypto) ermöglicht den Tausch von Bitcoin gegen Ethereum und umgekehrt. Ein BTC/USD-Paar (Krypto-zu-Fiat) ermöglicht den Tausch von Bitcoin in den US-Dollar und umgekehrt. Angesichts der großen Menge an kleineren Kryptowährungen konzentriert sich der Börsenmarkt auf einige wenige große Kryptowährungen, die wiederum in etwas anderes umgetauscht werden können. Zum Beispiel kann es sein, dass ein Celo-Paar (CGLD) zu Fetch.ai (FET) nicht existiert, aber ein CGLD/BTC- und ein BTC/FET-Paar ermöglichen die Umwandlung von CGLD in FET. Einfach ausgedrückt sind Paare das Netz, das verschiedene Assets miteinander verbindet. Paare ermöglichen auch Arbitrage, d. h. den Handel mit der Differenz der Paarpreise zwischen verschiedenen Börsen und Märkten.

Ist Bitcoin besser als Ethereum?

Der Hauptunterschied zwischen Bitcoin und Etherem ist das Wertversprechen. Bitcoin wurde als Wertaufbewahrungsmittel geschaffen, verwandt mit einem digitalen Gold, während Ethereum als Plattform fungiert, auf der dezentrale Anwendungen (dApps) und Smart Contracts erstellt werden (angetrieben durch den ETH-Token und die Programmiersprache Solidity). Da ETH benötigt wird, um dApps auf der Ethereum-Blockchain auszuführen, ist der Wert von ETH in gewisser Weise an den Nutzen gebunden. In einem Satz; Bitcoin ist eine Währung, während Ethereum eine Technologie ist, und in dieser Hinsicht wurde Ethereum nicht als Konkurrent zu Bitcoin geschaffen, sondern um es zu ergänzen und neben ihm aufzubauen. Dafür ist die Frage, was besser ist, wie einen Apfel mit einem Ziegelstein zu vergleichen; Beide sind großartig in dem, was sie tun, und die Wahl des einen gegenüber dem anderen ist die Wahl des Wertversprechens gegenüber einem anderen (zum Beispiel: Wir brauchen den Apfel als Nahrung, aber den Ziegelstein, um einen Unterschlupf zu schaffen), auf dessen Frage es keine klare oder vereinbarte Antwort gibt.

Kann man Dinge mit Bitcoin kaufen?

Bitcoin steht für ein gemeinsames Wertgefühl; Der Wert kann wie jede andere Währung gehandelt und gegen Gegenstände von gleichem oder nahezu gleichwertigem Wert eingetauscht werden. Trotzdem ist es ziemlich schwierig oder unmöglich, die meisten Dinge direkt mit Bitcoin zu kaufen (das heißt, es gibt Optionen, die sich schnell erweitern). Natürlich kann man immer einfach Bitcoin in die jeweilige Währung umtauschen und die Währung zum Kaufen von Dingen verwenden, aber die Frage bleibt: Warum kann man Bitcoin noch nicht verwenden, um Dinge zu kaufen, die man sonst mit anderen digitalen Zahlungsmethoden bezahlen würde? Eine solche Frage ist komplex, hat aber vor allem damit zu tun, dass das etablierte System der staatlich gestützten Währungen schon seit geraumer Zeit funktioniert, während Kryptowährungen neu sind und außerhalb der staatlichen Kontrolle und Einflussnahme operieren. Aktuelle Trends deuten darauf hin, dass Kryptowährungen in hohem Maße in Online- (und bis zu einem gewissen Grad offline) Einzelhändler, Großhändler und unabhängige Verkäufer integriert werden (durch die Integration mit Zahlungsabwicklern wie Stripe, PayPal, Square usw.). Microsoft (im Xbox-Store), Home Depot (über Flexa), Starbucks (über Bakkt), Whole Foods (über Spedn) und viele andere Unternehmen akzeptieren Bitcoin bereits; Die Wendepunkte sind die großen

Online-Händler, die Bitcoin akzeptieren (Amazon, Walmart, Target usw.) und der Punkt, an dem Regierungen Kryptowährungen als Zahlungsmethode entweder annehmen oder ablehnen.

Was ist die Geschichte von Bitcoin?

1991 wurde erstmals eine kryptographisch gesicherte Kette von Blöcken konzipiert. Fast ein Jahrzehnt später, im Jahr 2000, veröffentlichte Stegan Knost seine Theorie über kryptographisch gesicherte Chains sowie Ideen für die praktische Umsetzung und 8 Jahre später veröffentlichte Satoshi Nakamoto ein Whitepaper (ein Whitepaper ist ein gründlicher Bericht und Leitfaden), der ein Modell für eine Blockchain etablierte. Im Jahr 2009 implementierte Nakamoto die erste Blockchain, die als öffentliches Hauptbuch für Transaktionen mit der von ihm entwickelten Kryptowährung Bitcoin verwendet wurde. Im Jahr 2014 begannen sich schließlich Anwendungsfälle für Blockchain und Blockchain-Netzwerke außerhalb der Kryptowährung zu entwickeln, wodurch die Möglichkeiten von Bitcoin und Blockchain für die ganze Welt geöffnet wurden.

Wie kauft man Bitcoin?

Bitcoin kann in erster Linie über Börsen gekauft und anschließend in der Börse oder in einem Wallet gehalten werden. Beliebte Börsen für US-amerikanische und globale Benutzer sind unten aufgeführt:

UNS

Coinbase - coinbase.com (am besten für neue Investoren)

PayPal - paypal.com (einfach für diejenigen, die bereits PayPal)

Binance US - binance.us (am besten für Altcoins, fortgeschrittene Investoren)

Bisq - bisq.network (dezentral)

Global (in den USA nicht verfügbar/eingeschränkte Funktionalität)

Binance - binance.com (insgesamt am besten)

Huibo Global -huobi.com (die meisten Angebote)

7b - sevenb.io (leicht)

Crypto.com - crypto.com (niedrigste Gebühren)

Sobald ein Konto an einer Börse erstellt wurde, können Benutzer Fiat-Währung auf das Konto überweisen, um die gewünschten Kryptowährungen zu kaufen.

Ist Bitcoin eine gute Investition?

Historisch gesehen ist Bitcoin eine der besten Investitionen des letzten Jahrzehnts; die durchschnittliche Rendite lag bei etwa 200% pro Jahr und 10 US-Dollar, die 2010 in Bitcoin investiert wurden, wären heute 7,6 Millionen US-Dollar wert (eine erstaunliche Rendite von 76.500.000 %). Die schnellen Renditen, die Bitcoin in der Vergangenheit erwirtschaftet hat, können sich jedoch nicht auf unbestimmte Zeit halten, und die Frage, ob Bitcoin *eine gute Investition sein wird,* ist eine ganz andere. Im Allgemeinen machen die Fakten Bitcoin derzeit zu einem guten langfristigen Halt, insbesondere wenn man an die sich beschleunigenden Trends der Dezentralisierung und Blockchain glaubt. Allerdings könnte eine Reihe von Black-Swan-Ereignissen Bitcoin extremen Schaden zufügen, und eine Reihe von Konkurrenten könnte den Platz von Bitcoin übernehmen. Die Frage, ob Sie investieren sollten, sollte durch Fakten untermauert werden, aber auf Ihnen basieren: die Höhe des Risikos, das Sie bereit sind einzugehen, den Geldbetrag, den Sie riskieren können und wollen, und so weiter. Recherchieren Sie also, denken Sie so rational wie möglich und treffen Sie Handelsentscheidungen, die Sie nicht bereuen werden.

Wird Bitcoin abstürzen?

Bitcoin ist ein sehr zyklischer Vermögenswert und neigt dazu, regelmäßig abzustürzen. Für langfristige Bitcoin-Inhaber sind Flash-Crashs und anhaltende Bärenphasen überwältigend wahrscheinlich. Bitcoin ist seit 2012 dreimal um 80 % oder mehr abgestürzt (eine Zahl, die in anderen Märkten als katastrophal angesehen wird). In allen Fällen hat er sich schnell erholt. All dies ist zum Teil darauf zurückzuführen, dass sich Bitcoin noch in der Preisfindungsphase befindet und in Bezug auf die Akzeptanz schnell wächst, so dass die Volatilität grassiert. Zusammenfassend; Historisch gesehen wird Bitcoin zwar zweifellos abstürzen, sich aber zweifellos auch erholen.

Was ist das PoW-System von Bitcoin?

Ein PoW-Algorithmus wird verwendet, um Transaktionen zu bestätigen und neue Blöcke auf einer bestimmten Blockchain zu erstellen. PoW, was Proof of Work bedeutet, bedeutet wörtlich, dass Arbeit (durch mathematische Gleichungen) erforderlich ist, um Blöcke zu erstellen. Die Leute, die die Arbeit machen, sind Miner, und Miner werden für ihren Rechenaufwand durch Gerechtigkeit belohnt.

Was ist Bitcoin Halving?

Halving ist ein Angebotsmechanismus, der die Geschwindigkeit regelt, mit der Coins zu einer Kryptowährung mit festem Angebot hinzugefügt werden. Die Idee und der Prozess wurden durch Bitcoin populär gemacht, der sich alle 4 Jahre halbiert. Die Halbierung wird durch eine programmierte Reduzierung der Mining-Belohnungen in Gang gesetzt; Blockbelohnungen sind die Belohnungen, die den Minern (eigentlich den Computern) gegeben werden, die Transaktionen in einem bestimmten Blockchain-Netzwerk verarbeiten und validieren. Von 2016 bis 2020 verdienten alle Computer (die sogenannten Nodes) im Bitcoin-Netzwerk alle 10 Minuten 12,5 Bitcoin, und das war die Anzahl der Bitcoins, die in Umlauf gebracht wurden. Nach dem 11. Mai 2020 sanken die Belohnungen jedoch auf 6,25 Bitcoin im gleichen Zeitraum. Auf diese Weise halbieren sich die Blockbelohnungen für jeweils 210.000 geschürfte Blöcke, was etwa alle vier Jahre entspricht, bis das maximale Limit von 21 Millionen Münzen um das Jahr 2040 erreicht ist. Daher ist es wahrscheinlich, dass die Halbierung den Wert von Bitcoin und anderen Kryptowährungen erhöht, indem das Angebot verringert wird, ohne die Nachfrage zu verändern. Knappheit treibt, wie bereits erwähnt, den Wert an, und ein begrenztes Angebot in Kombination mit wachsender Nachfrage führt zu einer immer größeren Knappheit. Aus diesem Grund hat das Halving in der Vergangenheit den Preis von Bitcoin in die Höhe getrieben und wird wahrscheinlich ein langfristiger Wachstumskatalysator sein. Gutschrift an medium.com.

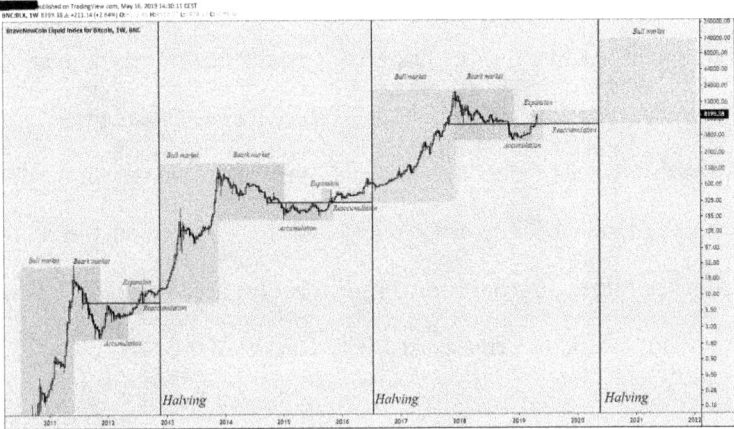

[25]https://medium.com/coinmonks/how-the-bitcoin-halving-impacts-bitcoins-price-ac7ba87706f1

Warum ist Bitcoin volatil?

Bitcoin befindet sich immer noch in der "Preisfindungsphase", was bedeutet, dass der Markt so schnell wächst, dass der wahre Wert von Bitcoin unbekannt bleibt. Daher beherrscht der wahrgenommene Wert den Markt (was durch das Fehlen einer Organisation zur Verwaltung der Bitcoin-Volatilität gefördert wird) und der wahrgenommene Wert wird sehr leicht durch Nachrichten, Gerüchte usw. beeinflusst. Irgendwann wird Bitcoin weniger volatil sein, aber das könnte sicherlich eine ganze Weile dauern.

Soll ich in Bitcoin investieren?

Die Frage, ob Sie in Bitcoin investieren sollten, ist nicht nur eine Frage von Bitcoin, sondern von Ihnen. Bitcoin birgt ein inhärentes Risiko, da es sich um einen spekulativen und volatilen Vermögenswert handelt, und obwohl das potenzielle Aufwärtspotenzial massiv ist, muss das zweischneidige Schwert von Risiko und Rendite im Auge behalten werden. Das Beste, was Sie tun können, ist, so viel wie möglich über Bitcoin, Kryptowährungen und Blockchain (sowie Trends in solchen Themen und Entwicklungen in der realen Welt) zu lernen und diese Informationen mit Ihrer Risikotoleranz, Ihrer finanziellen Situation und allen anderen Variablen, die Ihre Anlageentscheidung beeinflussen können, zu verknüpfen.

Wie investiere ich erfolgreich in Bitcoin?

Diese 5 Regeln werden Ihnen helfen, erfolgreich in Bitcoin zu investieren, denn Geld und Handel sind emotionale Erfahrungen:

- ❖ Nichts währt ewig
- ❖ Nein, hätte, hätte, hätte sein können
- ❖ Seien Sie nicht emotional
- ❖ Diversifizieren
- ❖ Preise spielen keine Rolle

Nichts währt ewig

Zum Zeitpunkt der Erstellung dieses Artikels Anfang 2021 befindet sich der Kryptomarkt in einer Blase. Das sagt man als Krypto-Optimist. Die unglaublichen Renditen, die die Leute machen, und die unglaublichen Aufwärtstrends praktisch aller Münzen sind einfach nicht nachhaltig; Wenn das für immer so weitergeht, könnte jeder Geld in alles stecken und einen massiven Gewinn erzielen. Das bedeutet nicht, dass der Markt auf Null sinkt oder dass die Konzepte, die das Wachstum antreiben, scheitern werden. Ich plädiere einfach dafür, dass sich das enorme Wachstum irgendwann verlangsamen wird. Dies kann langsam und allmählich geschehen, oder schnell, wie im Falle eines schnellen Absturzes. In der Vergangenheit hat Bitcoin Zyklen durchlaufen, die massive Bullenläufe beinhalteten, von denen der größte Ende 2017, März bis Juli 2019 und erneut von November 2020 bis zum Zeitpunkt der Erstellung dieses Artikels, April 2021, stattfand. In den erwähnten Bullenläufen stieg Bitcoin jeweils um etwa das 15-fache (2017), das 3-fache (2019) und jetzt, im aktuellen Bullenlauf, um das 10-fache, und es werden immer mehr. In dem einen früheren Fall, in dem Bitcoin um mehr als das 15-fache gestiegen ist, wurde der größte Teil des folgenden Jahres damit verbracht, von 20.000 auf 4.000 abzustürzen. Dies unterstützt die Idee der erwähnten Bitcoin-Zyklen, die zunächst einen massiven Aufwärtstrend aufweisen und dann auf höhere Tiefs abstürzen. Das bedeutet mehrere Dinge: Erstens, es ist eine gute Wette, wenn Bitcoin abstürzt. Zweitens, wenn Bitcoin und der Kryptomarkt steigen, während Sie dies lesen, wird er wahrscheinlich irgendwann in den nächsten Jahren fallen. Wenn es sinkt, während Sie dies lesen, wird es wahrscheinlich in den nächsten Jahren wirklich massiv steigen. Natürlich kann sich das Ökosystem des Marktes ändern, aber genau das ist der Punkt, auf den hingewiesen werden muss. Wenn man davon ausgeht, dass Kryptowährungen eine Massenakzeptanz erreichen und zu einem integralen Bestandteil aller Aspekte des Geldes, des Geschäfts und des allgemeinen Lebens werden, *wird sie* sich irgendwann stabilisieren müssen. Dieser Zeitpunkt kann 2021,

2023 oder 2030 sein. Er wird wahrscheinlich mehrmals abstürzen und steigen, bevor er sich in einem etwas weniger volatilen Markt einpendelt, zumindest im Vergleich zu seinem früheren Selbst.

Nein, hätte, hätte, hätte sein können

Diese Regel stammt von einem beliebten und legendären Aktienhändler und Moderator der Show *Mad Money*, Jim Cramer. Dieses Konzept funktioniert für alle Investitionen, ganz zu schweigen von allen Lebensbereichen, und knüpft an die Regel #31 an. Die Idee wird durch "kein hätte", "kein sollte" und "kein könnte" repräsentiert. Das bedeutet, dass Sie sich bei einem schlechten Handel ein paar Minuten Zeit nehmen, um darüber nachzudenken, wie Sie daraus lernen und sich verbessern können. Dann, nach diesen paar Minuten, denke nicht darüber nach, was du *getan hättest, was du hättest tun sollen oder was du* hättest tun können. Auf diese Weise können Sie lernen und sich verbessern und gleichzeitig den Verstand bewahren, denn am Ende des Tages hätten Sie es immer besser machen können. Machen Sie sich nicht über Verluste lustig und lassen Sie sich Gewinne nicht zu Kopf steigen.

Sei nicht emotional

Emotion ist das Gegenteil von technischem Trading. Der technische Handel basiert auf aktuellen und zukünftigen Aktionen auf historischen Daten, und leider ist es dem Markt egal, wie Sie sich fühlen. Emotionen werden Sie in den meisten Fällen nur verletzen und von den Handelsstrategien ablenken, die Sie entwickelt haben. Manche Menschen fühlen sich von Natur aus wohl mit dem Risiko und der emotionalen Achterbahnfahrt des Handels; Wenn nicht, können Sie in Betracht ziehen, etwas über die Psychologie des Handels zu lernen (denn das Verstehen von Emotionen ist ein Vorläufer von Akzeptanz, Rationalität und Kontrolle) und sich einfach Zeit zu nehmen. Die Fundamentalanalyse und der mittel- bis langfristige Handel erfordern all dies immer noch, aber in geringerem Maße.

Diversifizieren

Diversifikation wirkt dem Risiko entgegen. Und wie wir wissen, sind Kryptowährungen riskant. Während jeder, der in Kryptowährungen investiert, ein gewisses Risiko annimmt und wahrscheinlich auch sucht (aufgrund des Risiko-Rendite-Prinzips), haben Sie (wahrscheinlich) ein gewisses Risiko, mit dem Sie sich nicht wohl fühlen. Diversifikation hilft Ihnen, innerhalb dieses maximalen Risikos zu bleiben. Ich kann zwar nicht über Ihre einzigartige Situation sprechen, aber ich würde jedem Krypto-Investor empfehlen, ein etwas diversifiziertes Portfolio zu unterhalten, egal wie sehr Sie an ein Projekt glauben. Die Mittelallokation sollte (normalerweise) zwischen Bitcoin-, Etherium- oder ETH-

Alternativen (wie Cardano, BNB usw.) und verschiedenen Altcoins aufgeteilt werden, zusammen mit etwas Bargeld. Während die genauen Prozentsätze je nach individueller Situation variieren (35/25/30/10, 60/25/10/5, 20/20/40/20 usw.), würden die meisten Fachleute zustimmen, dass dies der nachhaltigste Weg ist, um zu investieren, Gewinne auf dem gesamten Markt zu erzielen und die Wahrscheinlichkeit zu verringern, einen großen Prozentsatz Ihres Portfolios aufgrund einer oder weniger falscher Entscheidungen zu verlieren. Dennoch investieren einige Anleger nur Geld in ein oder zwei Top-50-Kryptos und stecken den Großteil ihres Geldes in Small-Cap-Altcoins. Legen Sie am Ende des Tages eine Strategie fest, die zu Ihrer Situation, Ihren Ressourcen und Ihrer Persönlichkeit passt, und diversifizieren Sie dann innerhalb der Grenzen dieser Strategie.

Der Preis spielt keine Rolle

Der Preis ist weitgehend irrelevant, da sowohl das Angebot als auch der Anfangspreis festgelegt werden können. Nur weil Binance Coin (BNB) bei 500 $ und Ripple (XRP) bei 1,80 $ liegt, bedeutet das nicht, dass XRP 277x BNB wert ist; Tatsächlich liegen die beiden Coins derzeit innerhalb von 10 % der Marktkapitalisierung des jeweils anderen. Wenn eine Kryptowährung zum ersten Mal erstellt wird, wird das Angebot von dem Team hinter dem Vermögenswert festgelegt. Das Team kann sich dafür entscheiden, 1 Billion Münzen oder 10 Millionen zu erstellen. Wenn wir also auf XRP und BNB zurückblicken, können wir sehen, dass Ripple etwa 45 Milliarden Münzen im Umlauf hat und Binance Coin 150 Millionen. Auf diese Weise spielt der Preis keine Rolle. Eine Münze für 0,0003 $ kann mehr wert sein als eine Münze für 10.000 $ in Bezug auf Marktkapitalisierung, zirkulierendes Angebot, Volumen, Benutzer, Nutzen usw. Der Preis spielt aufgrund von Bruchteilen von Aktien noch weniger eine Rolle, sodass Anleger unabhängig vom Preis einen beliebigen Geldbetrag in eine Münze oder einen Token investieren können. Viele andere Kennzahlen sind viel wichtiger und sollten weit vor dem Preis berücksichtigt werden. Das heißt, Preise können die Preisbewegung als Ergebnis der Psychologie beeinflussen. Zum Beispiel: Bitcoin hat einen starken Widerstand bei 50.000 $ und ein Großteil dieses Widerstands könnte von der Tatsache herrühren, dass 50.000 $ eine schöne, runde Zahl ist, bei der viele Leute Kaufaufträge und Verkaufsaufträge erteilen würden. In Situationen wie dieser und anderen ist die Psychologie ein praktikabler Teil der Kursbewegung und damit der Analyse.

Hat Bitcoin einen intrinsischen Wert?

Nein, Bitcoin hat keinen intrinsischen Wert. Nichts an Bitcoin verlangt, dass es einen Wert hat; Vielmehr wird der Wert vom Benutzer generiert. Nach einer solchen Definition haben jedoch alle Währungen der Welt, die nicht durch einen Gold- oder Silberstandard gedeckt sind, auch keinen intrinsischen Wert (abgesehen von der materiellen Verwendung, die unbedeutend ist). In gewisser Weise hat also alles Geld nur deshalb einen gewissen Wert, weil wir uns einig sind, dass es einen Wert hat, und alle Argumente gegen oder für die Verwendung von Bitcoin aufgrund seines fehlenden intrinsischen Wertes müssen auch auf Fiat-Währungen angewendet werden.

Wird Bitcoin besteuert?

Wie das Sprichwort sagt, können wir Steuern nicht vermeiden, und eine solche Idee gilt sicherlich für Kryptowährungen, trotz der scheinbar anonymen und unregulierten Natur der Branche. Um die genauesten Informationen zu erhalten, sollten Sie die Website Ihrer Steuereinzugsorganisation besuchen, um mehr über die Steuer auf digitale Währungen in Ihrem Land zu erfahren. Die folgenden Informationen werfen jedoch ein Schlaglicht auf die von den USA festgelegten Regeln:

- Im Jahr 2014 erklärte der IRS, dass virtuelle Währungen Eigentum und keine Währung sind.

- Werden Kryptowährungen als Zahlungsmittel für Waren oder Dienstleistungen entgegengenommen, muss der Verkehrswert (in USD) als Einkommen versteuert werden.

- Wenn Sie eine Münze oder einen Token länger als ein Jahr halten, wird dies als langfristiger Gewinn eingestuft, und wenn Sie ihn innerhalb eines Jahres gekauft und verkauft haben, ist es ein kurzfristiger Gewinn. Kurzfristige Gewinne unterliegen höheren Steuern als langfristige Gewinne.

- Einkünfte aus dem Mining virtueller Währungen gelten als Einkommen aus selbstständiger Tätigkeit (vorausgesetzt, die betreffende Person ist kein Angestellter) und unterliegen der Selbstständigkeitssteuer gemäß dem fairen Gegenwert der digitalen Währungen in USD. Verluste von bis zu 3.000 US-Dollar können erfasst werden.

• Wenn digitale Währungen verkauft werden, unterliegen Gewinne oder Verluste der Kapitalertragssteuer (da die digitalen Währungen als Eigentum betrachtet werden), genau wie wenn eine Aktie verkauft würde.

Handelt Bitcoin 24/7?

Bitcoin ist 24/7 in Betrieb. Dies ist zum großen Teil auf die Tatsache zurückzuführen, dass es auf der ganzen Welt als wirklich interkontinentales Werkzeug eingesetzt werden soll, und angesichts der Zeitzonen würde alles andere als ein 24/7-Betrieb diese Kriterien nicht erfüllen. Es gibt auch einfach keinen Anreiz, dies nicht zu tun.

Verwendet Bitcoin fossile Brennstoffe?

Ja, Bitcoin verwendet fossile Felder. Tatsächlich haben viele Kraftwerke mit fossilen Brennstoffen ein neues Leben gefunden, indem sie die Energie liefern, die für das Schürfen von Kryptowährungen benötigt wird. Bitcoin verbraucht allein durch Rechenanforderungen etwa so viel Strom wie ein kleines Land, was etwa 0,55 % der globalen Stromproduktion entspricht. Natürlich wollen Bitcoin-Nutzer und -Miner keine fossilen Brennstoffe verwenden, und ein Übergang zu erneuerbaren Energiequellen ist ein wichtiges Ziel, aber das Gleiche gilt für das Fahren von benzinbetriebenen Autos und die Vielzahl anderer täglicher Aktivitäten, die mehr fossile Brennstoffe verbrauchen als Bitcoin. Das Problem ist wirklich eine Frage der Meinung; Diejenigen, die Bitcoin als eine Pionierkraft in der Welt sehen, die Menschen in instabilen Finanzökosystemen unterstützt und mehr Sicherheit und Privatsphäre bei Transaktionen ermöglicht, werden sich nicht um einen globalen Energieverbrauch von 0,55 % kümmern (insbesondere angesichts des Versprechens eines langfristigen Übergangs zu sauberer Energie), während diejenigen, die Bitcoin als wertlos oder als Betrug betrachten, wahrscheinlich genau das Gegenteil empfinden werden.

Es sollte beachtet werden, dass einige Kryptowährungsalternativen viel weniger kohlenstoffintensiv sind als Bitcoin (Cardano, ADA), kohlenstoffneutral (Bitgreen, BITG) oder kohlenstoffnegativ (eGold, EGLD).

Wird Bitcoin 100k erreichen?

Bitcoin wird wahrscheinlich 100.000 $ pro Münze erreichen. Das bedeutet nicht, dass es bald passieren wird oder dass es eine sichere Sache ist; Allein diese Daten über den deflationären Charakter von Bitcoin, historische Renditen, Akzeptanztrends (wenn Sie daran interessiert sind, recherchieren Sie die "S"-Kurve in der Technologie) und Fiat-Inflation machen einen Preisanstieg auf 100.000 US-Dollar wahrscheinlich. Die wichtige Frage ist nicht, ob er 100.000 US-Dollar erreichen wird, sondern wann er 100.000 US-Dollar erreichen wird. Die meisten dieser Schätzungen sind bestenfalls fundierte Spekulationen.

Wird Bitcoin 1 Million erreichen?

Im Gegensatz zu 100.000 US-Dollar erfordert Bitcoin, um 1 Million US-Dollar zu erreichen, eine ernsthafte Größenordnung. Der CEO von eToro, Iqbal Grandha, hat gesagt, dass Bitcoin sein Potenzial erst dann ausschöpfen wird, wenn es 1 Million US-Dollar pro Münze wert ist, denn zu diesem Zeitpunkt wäre jeder Satoshi (das ist die kleinste Abteilung, in die Bitcoin aufgeteilt werden kann) 1 US-Cent wert. Angesichts der Skaleneffekte und des Potenzials für eine weltweite Massenakzeptanz (in einem solchen Fall würde Bitcoin als universelle Reservewährung fungieren) ist es möglich, dass der Preis 1 Million US-Dollar erreichen könnte. Eine andere Kryptowährung könnte diesen Platz jedoch genauso gut einnehmen, ebenso wie staatlich gestützte Stablecoins oder digitale Währungen. In Kombination ist zu beachten, dass Fiat-Währungen inflationär und Bitcoin deflationär sind. Diese Preisdynamik macht 1 Million US-Dollar langfristig viel wahrscheinlicher. Letztendlich ist es jedoch jedermanns Vermutung, was passieren sollte, und eine Bewertung von 1 Million US-Dollar pro Münze bleibt spekulativ.

Wird Bitcoin weiterhin so schnell steigen?

Nein. Das ist im wahrsten Sinne des Wortes unmöglich. Bitcoin hat den Anlegern[26] in den letzten 10 Jahren fast 200 % pro Jahr eingebracht, was einer Rendite von 5,2 Millionen Prozent über das Jahrzehnt entspricht. Angesichts der Marktkapitalisierung von Bitcoin zum Zeitpunkt der Erstellung dieses Artikels würde ein anhaltender Anstieg von 200 % das gesamte Geldangebot der Welt in 4 bis 5 Jahren übersteigen. Es ist zwar durchaus möglich, dass Bitcoin weiter steigen wird, aber die derzeitige Wachstumsrate ist extrem unhaltbar. Langfristig muss sich das Wachstum abflachen und die Volatilität dürfte abnehmen.

---

[26] 196.7%, berechnet von CaseBitcoin

Was sind Bitcoin-Forks?

Eine Fork ist das Auftreten einer neuen Blockchain, die aus einer anderen Blockchain erstellt wird. Bitcoin hatte 105 Forks, von denen die größte das heutige Bitcoin Cash ist. Forks treten auf, wenn ein Algorithmus in zwei verschiedene Versionen aufgeteilt wird. Es gibt zwei Arten von Gabeln. Eine Hard Fork ist eine Abspaltung, die auftritt, wenn alle Knoten im Netzwerk auf eine neuere Version der Blockchain aktualisieren und die alte Version zurücklassen. Es werden dann zwei Pfade erstellt: die neue Version und die alte Version. Eine Soft Fork steht dem entgegen, indem sie das alte Netzwerk ungültig macht; Daraus ergibt sich nur eine Blockchain.

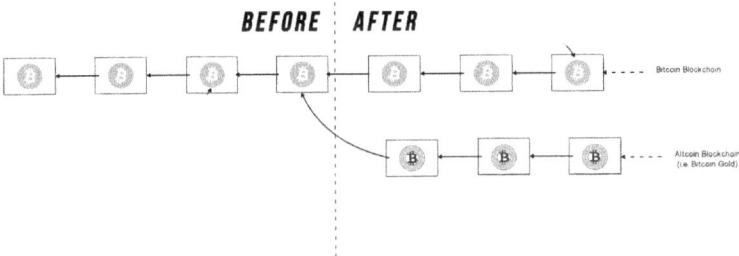

27

[27] Basierend auf einem Bild von Egidio.casati, CC BY-SA 4.0
<https://creativecommons.org/licenses/by-sa/4.0>

Warum schwankt Bitcoin?

Wie an der Börse steigt und fällt der Preis je nach Angebot und Nachfrage. Angebot und Nachfrage werden wiederum von den Kosten für die Produktion eines Bitcoins auf der Blockchain, Nachrichten, Wettbewerbern, interner Governance und Walen (Großaktionären) beeinflusst. Informationen darüber, warum Bitcoin so volatil ist, wie es ist, finden Sie in der Vielzahl weiterer Fragen zu diesem Thema.

Wie funktionieren Bitcoin-Wallets?

Eine Krypto-Wallet ist die Schnittstelle, die zur Verwaltung von Krypto-Beständen verwendet wird. Coinbase Wallet und Exodus sind gängige Wallets. Ein Konto wiederum ist ein Paar aus öffentlichen und privaten Schlüsseln, mit denen Sie Ihre Gelder kontrollieren können, die auf der Blockchain gespeichert sind. Einfach ausgedrückt sind Wallets Konten, die Ihre Bestände für Sie speichern, genau wie eine Bank.

28

28 Matthäus Wander / CC BY-SA 3.0)

*Wallets enthalten keine Münzen. Wallets enthalten Paare aus privaten und öffentlichen Schlüsseln, die den Zugriff auf Bestände ermöglichen.

Funktioniert Bitcoin in allen Ländern?

Bitcoin ist ein dezentrales Netzwerk von Computern; Alle Adressen sind unsperrbar und somit überall mit Internetverbindung erreichbar. In Ländern, in denen Bitcoin illegal ist (die größten davon sind China und Russland), kann die Regierung nur gegen die Infrastruktur (insbesondere Mining-Farmen) und die Nutzung von Bitcoin vorgehen. In Ländern wie Russland ist Bitcoin nicht wirklich reguliert, vielmehr ist die Verwendung von Bitcoin als Zahlungsmittel für Waren und Dienstleistungen illegal. Die meisten anderen Länder folgen diesem Modell, da es auch hier unmöglich ist, Bitcoin selbst zu blockieren. Tatsächlich hat Hester Peirce von der SEC erklärt, dass "Regierungen töricht wären, Bitcoin zu verbieten". Vor diesem Hintergrund kann der Schluss gezogen werden, dass Bitcoin in allen Ländern funktioniert, obwohl es in einigen wenigen Ländern illegal ist, die Münze zu besitzen oder zu verwenden.

Wie viele Menschen haben Bitcoin?

Die beste Schätzung[29] geht derzeit von etwa 100 Millionen Inhabern weltweit aus, was etwa 1 von 55 Erwachsenen entspricht. Allerdings ist die wahre Zahl angesichts der Anonymität von Krypto-Netzwerken nicht bekannt. Man kann sagen, dass das Nutzerwachstum im hohen zweistelligen Bereich liegt, Bitcoin mehrere hunderttausend Transaktionen pro Tag hat, 2+ Milliarden Menschen von Bitcoin gehört haben und insgesamt etwa eine halbe Milliarde Bitcoin-Adressen existieren.

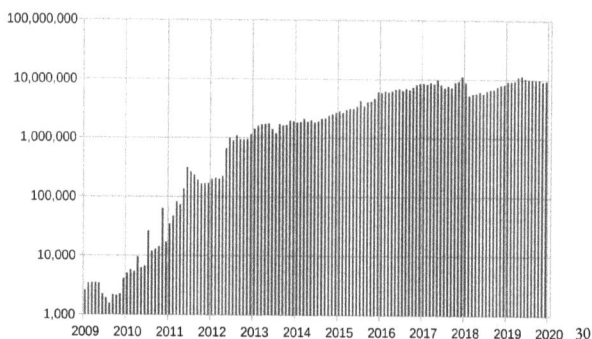

*Anzahl der Bitcoin-Transaktionen pro Monat, Stand 2020.

---

[29] buybitcoinworldwide.com

[30] Ladislav Mecir / CC BY-SA 4.0

Wer hat die meisten Bitcoins?

Der mysteriöse Gründer von Bitcoin, Satoshi Nakamoto, besitzt die meisten Bitcoins. Er hält 1,1 Millionen BTCs in mehreren Wallets, was ihm ein Nettovermögen in zweistelliger Milliardenhöhe verleiht. Wenn die Bitcoins 180.000 US-Dollar erreichen, wäre Satoshi Nakamoto der reichste Mensch der Welt. Nach Satoshi Nakamoto sind die Winklevoss-Zwillinge und verschiedene Strafverfolgungsbehörden die größten Inhaber (das FBI wurde zu einem der größten Bitcoin-Besitzer, nachdem es die Vermögenswerte der Silk Road beschlagnahmt hatte, einem Internet-Blak-Markt, der 2013 geschlossen wurde).

Kann man Bitcoin mit Algorithmen handeln?

Um diese Frage zu beantworten, füge ich einen Auszug aus einem anderen meiner Bücher über die technische Analyse von Kryptowährungen hinzu. Es deckt alle Grundlagen ab und nimmt mehr als ein paar Seiten ein, wenn Sie also nach einer kurzen Antwort suchen, sage ich, dass Sie es können, aber es ist schwierig.

Algorithmischer Handel ist die Kunst, einen Computer dazu zu bringen, Geld für Sie zu verdienen. Oder zumindest ist das das Ziel. Algo-Trader versuchen, wie der Slang sagt, eine Reihe von Regeln zu identifizieren, die, wenn sie als Grundlage für den Handel verwendet werden, einen Gewinn erzielen. Wenn diese Regeln ausgewählt und ausgelöst werden, führt der Code eine Order aus. Zum Beispiel: Nehmen wir an, Sie lieben es, mit exponentiellen Moving Average Crossovers (EMAs) zu handeln. Jedes Mal, wenn Sie sehen, dass der 12-Tage-EMA von Bitcoin den 50-Tage-EMA überschreitet, investieren Sie 0,01 Bitcoin. Dann verkaufen Sie in der Regel, wenn Sie einen Gewinn von 5 % erzielt haben, oder, wenn es nicht klappt, reduzieren Sie Ihre Verluste auf 5 %. Es wäre sehr einfach, diese bevorzugte Handelsstrategie in algorithmische Handelsregeln umzuwandeln. Sie würden einen Algorithmus programmieren, der alle Daten von Bitcoin verfolgt, Ihre 0,01 Bitcoin während Ihres bevorzugten EMA-Crossovers investiert und dann entweder mit einem Gewinn von 5 % oder einem Verlust von 5 % verkauft. Dieser Algorithmus würde für Sie laufen, während Sie schlafen, während Sie essen, buchstäblich 24/7 oder während einer von Ihnen festgelegten Zeit. Da es nur genau so handelt, wie Sie es eingestellt haben; Sie fühlen sich mit dem Risiko sehr wohl. Selbst wenn der Algorithmus nur in 51 von 100 Trades funktioniert, erzielen Sie technisch gesehen einen Gewinn und könnten einfach ewig weitermachen, ohne Arbeit zu investieren. Oder Sie können mehr Daten konsultieren und Ihren Algorithmus so verbessern, dass er 55/100 Mal oder 70/100 funktioniert. Zehn Jahre später sind Sie jetzt ein Multi-Billionär, der jede Sekunde eines jeden Tages Geld verdient, während Sie an einem sonnigen Strand tropischen Saft schlürfen.

Leider ist es nicht so einfach, aber das ist das Konzept des algorithmischen Handels. Der wirklich schöne hypothetische Aspekt des Handels mit einer Maschine ist, dass die Einkommensgrenze praktisch unbegrenzt ist (oder zumindest immens skalierbar). Betrachten Sie das folgende Diagramm. Dies ist eine Visualisierung eines Algorithmus, der 200 Mal pro Tag handelt, wenn bestimmte Bedingungen erfüllt sind. Der Algorithmus verlässt die Position entweder mit einem Gewinn von 5 % oder einem Verlust von 5 %, wie im obigen Beispiel. Nehmen wir an, Sie geben dem Algorithmus 10.000 US-Dollar, mit denen er arbeiten kann, und 100 % des Portfolios werden in jeden Trade investiert. Rot steht für einen unrentablen Handel (ein Verlust von 5 %) und Grün für einen guten Handel, einen Gewinn von 5 %.

Laut der Grafik liegt dieser Algorithmus nur in 51 % der Fälle richtig. Bei dieser winzigen Mehrheit würde eine Investition von 10.000 US-Dollar an nur einem Tag zu 11.025 US-Dollar, in 30 Tagen zu 186.791,86 US-Dollar werden, und nach einem vollen Handelsjahr würde das Ergebnis 29.389.237.672.608.055.000 US-Dollar betragen. Das sind 29 Trillionen Dollar, was etwa 783 Mal so viel ist wie der Gesamtwert jedes einzelnen US-Dollars, der im Umlauf ist. Das würde natürlich nicht funktionieren. Nehmen wir nun jedoch an, dass der Algorithmus unter den gleichen Regeln nur in 50,1 % der Fälle einen profitablen Handel tätigt, was 1 zusätzlichen profitablen Handel von 1.000 bedeutet. Nach 1 Jahr würde dieser Algorithmus 10.000 US-Dollar in 14.400 US-Dollar verwandeln. Nach 10 Jahren knapp 400.000 $ und nach 50 Jahren 835.437.561.881,32 $. Das sind 835 Milliarden Dollar (überzeugen Sie sich selbst mit dem Zinseszinsrechner von Moneychimp)

Das scheint ziemlich einfach zu sein. Verwenden Sie einfach historische Daten, um Algorithmen zu testen, bis Sie einen gefunden haben, der mindestens 50,1 % profitabel ist, erhalten Sie 10.000 US-Dollar, und Ihre Kinder werden Billionäre sein. Leider funktioniert dies nicht, und hier sind einige der Herausforderungen, mit denen algorithmische Händler konfrontiert sind:

Irrtümer

Die offensichtlichste Herausforderung besteht darin, einen fehlerfreien Algorithmus zu erstellen. Viele Dienste machen den Prozess heute viel einfacher und erfordern nicht so viel Programmiererfahrung, aber einige erfordern immer noch ein gewisses Maß an Programmierkenntnissen und der Rest ein gewisses Maß an technischem Wissen. Wie du dir sicher vorstellen kannst, kann jeder Fehltritt bei der Erstellung eines Algorithmus zum Game Over führen.* Deshalb solltest du es wahrscheinlich nicht selbst programmieren, es sei denn, du weißt tatsächlich, wie man programmiert, in diesem Fall solltest du wahrscheinlich immer noch einen Freund konsultieren!

Unvorhersehbare Daten

Genau wie bei der technischen Analyse als Ganzes ist die Erwartung, dass sich historische Muster wahrscheinlich wiederholen werden, die Grundlage, auf der der algorithmische Handel ruht. Schwarze Schwäne* und unvorhersehbare Faktoren wie Nachrichten, globale Krisen, Quartalsberichte usw. können einen Algorithmus aus dem Gleichgewicht bringen und eine bisherige Strategie unrentabel machen.

Mangelnde Anpassungsfähigkeit

Die Herausforderung unvorhersehbarer Daten geht einher mit der Unfähigkeit, sich angesichts neuer, kontextbezogener Daten an die Umstände anzupassen. Auf diese Weise können manuelle Aktualisierungen erforderlich sein. Die Lösung für dieses Problem ist offensichtlich eine KI, die lernt, sich verbessert und testet, aber das ist weit von der Realität entfernt und wäre, wenn es funktionieren würde, wahrscheinlich nicht so gut für den Markt, da ein paar einflussreiche Akteure es einfach für ihren eigenen Gebrauch monetarisieren könnten (da es sich um eine buchstäbliche Gelddruckmaschine handeln würde) oder es mit allen teilen könnten. In diesem Fall gilt die Herausforderung der Selbstzerstörung (siehe unten).

Slippage, Volatilität und Flash-Abstürze.

Da Algorithmen nach festgelegten Regeln spielen, können sie durch Volatilität "ausgetrickst" und durch Slippage unrentabel gemacht werden. Zum Beispiel kann ein kleiner Altcoin innerhalb von Sekunden um mehrere Prozent steigen, egal ob nach oben oder unten. Ein Algorithmus könnte sehen, dass der Preis die Limit-Verkaufsorder erreicht und eine Liquidation auslöst, obwohl der Preis einfach wieder auf den vorherigen Preis oder höher springt.

Selbstzerstörung

Im hypothetischen Fall einer intelligenten KI, die alle verfügbaren Daten sortiert, die bestmöglichen Handelsalgorithmen identifiziert, sie in die Praxis umsetzt und sich an die Umstände anpasst, würden mehrere solcher KIs ihre eigenen Handelsstrategien auslöschen. Zum Beispiel: Nehmen wir an, es gibt 1 Million dieser KIs (wirklich viel mehr Menschen würden sie nutzen, wenn sie zum Kauf angeboten würde). Alle KIs würden sofort den besten Algorithmus entdecken und mit ihm handeln. In diesem Fall würde der daraus resultierende Zufluss von Volumen die Strategie nutzlos machen. Das gleiche Szenario tritt heute ein, nur ohne die KI. Wirklich gute Handelsstrategien werden wahrscheinlich von mehreren Personen entdeckt, dann verwendet und geteilt, bis sie nicht mehr profitabel oder so profitabel sind wie früher. Auf diese Weise behindern wirklich gute Strategien und Algorithmen den eigenen Fortschritt.

Das sind also die Herausforderungen, die verhindern, dass der algorithmische Handel eine perfekte, 4-Stunden-Arbeitswoche ist, die tropische Ferien auslöst und Geld druckt. Trotzdem können Algorithmen durchaus profitabel sein. Viele große Firmen und Unternehmen stützen ihr Geschäft ausschließlich auf profitable Handelsalgorithmen. Während Trading-Bots also nicht als leichtes Geld betrachtet werden sollten, sollten sie als eine Disziplin betrachtet werden, die gemeistert werden kann, wenn genügend Zeit und Mühe zur Verfügung gestellt werden. Hier sind einige Highlights des algorithmischen Handels und wie Sie loslegen können:

Backtesting

Da Algorithmen einen bestimmten Input annehmen und entsprechend reagieren, können Algo-Trader ihre Algorithmen anhand historischer Daten testen. Wenn Trader X zum Beispiel einen Algorithmus erstellen möchte, der bei EMA-Crossovern handelt, könnte Trader X den Algorithmus testen, indem er ihn jedes einzelne Jahr durchläuft, in dem der gesamte Markt existiert. Die Renditen würden dann grafisch dargestellt, und durch Split-Tests kann Trader X eine Formel entwickeln, die sich in der Vergangenheit bewährt hat, ohne jemals tatsächlich Geld auf den Tisch gelegt zu haben. Auf diese Weise können Sie Ihre eigenen Algorithmen testen und mit verschiedenen Variablen herumspielen, um zu sehen, wie sie sich auf die Gesamtrendite auswirken. Um mit der Erstellung und

Verwendung eines Handelsalgorithmus zu experimentieren, besuchen Sie diese Websites:

Risikokontrolle

Backtesting ist eine großartige Möglichkeit, Risiken zu minimieren. Die beste Alternative ist die disziplinierte und recherchierte Verwendung von Stop-Losses und Trailing-Stop-Loss. Beide Instrumente werden im Abschnitt Risikomanagement näher erläutert.

Einfachheit

Viele Menschen haben Konzepte des Algorithmus-Handels, die einen komplexen, vielschichtigen Code erfordern, der mehrere, wenn nicht ein Dutzend oder mehr Indikatoren, Muster oder Oszillatoren umfasst. Während Unbekannte nicht berücksichtigt werden können, sind die meisten erfolgreichen Algorithmen, die von Profis und Laien gleichermaßen verwendet werden, überraschend unkomplex. Bei den meisten handelt es sich um einen Indikator oder vielleicht um eine Kombination aus zweien. Ich schlage vor, dass Sie diesem etablierten Weg folgen, wenn Sie in den algorithmischen Handel einsteigen, aber wenn Sie einen extrem komplexen und überlegenen Algorithmus entdecken, werde ich der Erste sein, der sich anmeldet!

*Quelle: Buch, Krypto-technische Analyse

Wie wird sich Bitcoin auf die Zukunft auswirken?

Bitcoin war der erste erfolgreiche großflächige Anwendungsfall der Blockchain; Die Frage, wie sich Blockchain auf die Zukunft auswirken wird, ist eine viel größere Frage als die Frage nach den potenziellen Auswirkungen von Bitcoin, von denen ein Großteil bereits behandelt wurde. Hier sind Bereiche, in denen Blockchain (und damit auch Bitcoin) einen großen Einfluss haben wird oder hat:

- Supply-Chain-Management.
- Logistikmanagement.
- Sicheres Datenmanagement.
- Grenzüberschreitende Zahlungen und Transaktionsmittel.
- Nachverfolgung von Tantiemen von Künstlern.
- Sicheres Speichern und Teilen von medizinischen Daten.
- NFT-Marktplätze.
- Abstimmungsmechanismen und Sicherheit.
- Überprüfbares Eigentum an Immobilien.
- Immobilien-Marktplatz.
- Rechnungsabgleich und Streitbeilegung.
- Buchung.

- Finanzielle Garantien.
- Disaster Recovery-Bemühungen.
- Verbindung von Lieferanten und Händlern.
- Rückverfolgung der Herkunft.
- Stimmrechtsvertretung.
- Kryptowährung.
- Versicherungsnachweis / Versicherungspolicen.
- Gesundheits-/Personendatensätze.
- Zugang zu Kapital.
- Dezentrales Finanzwesen
- Digitale Identifizierung
- Prozess-/Logistikeffizienz
- Verifizierung der Daten
- Schadenbearbeitung (Versicherungen).
- Schutz des geistigen Eigentums.
- Digitalisierung von Vermögenswerten und Finanzinstrumenten.
- Reduzierung der Korruption im Finanzbereich der Regierung.
- Online-Spiele.
- Konsortialkredite.
- Und mehr!

Ist Bitcoin die Zukunft des Geldes?

Die Frage, ob Bitcoin selbst die "Zukunft des Geldes" ist, ist Spekulation; Die eigentliche Frage ist, ob die Technologie hinter Bitcoin und die Systeme, die Bitcoin fördert, die Zukunft des Geldes sind. Wenn ja, ist eine Investition in Kryptowährung als Ganzes sowie in Bitcoin (obwohl das Wachstumspotenzial in % bei Bitcoin im Vergleich zu kleineren Münzen angesichts des bereits vorhandenen Geldvolumens begrenzt ist) eine sehr gute Wette.

Die wichtigste Technologie, die Bitcoin antreibt, ist die Blockchain, und das Gesamtsystem, das Bitcoin fördert, ist das der Dezentralisierung. Beide Bereiche explodieren in einer Vielzahl von expandierenden Anwendungsfällen und haben das Potenzial, jeden Aspekt des Lebens zu beeinflussen, von Zahlungen über die Arbeit bis hin zu Wahlen. Um Capgemini Engineering zu zitieren: "Es [Blockchain] verbessert die Sicherheit in den Bereichen Finanzen, Gesundheitswesen, Lieferkette, Software und Regierung erheblich." Zu den Unternehmen, die die Blockchain-Technologie nutzen, gehören Amazon (über AWS), BMW (in der Logistik), Citigroup (im Finanzbereich), Facebook (durch die Schaffung einer eigenen Kryptowährung), General Electric (Lieferkette), Google (mit BigQuery), IBM, JPmorgan, Microsoft, Mastercard, Nasdaq, Nestlé,

Samsung, Square, Tenent, T-Mobile, die Vereinten Nationen, Vanguard, Walmart und mehr.[31] Der erweiterte Kundenkreis und die Produkte, die von der Blockchain angetrieben werden oder sich um die Blockchain drehen, signalisieren die Fortsetzung der Blockchain zu einem Kernaspekt von Internet- und Offline-Diensten. Vor diesem Hintergrund ist Bitcoin nicht darauf beschränkt, einen Einfluss auf Kryptowährungen zu haben, sondern kann und wird wahrscheinlich eine Ära der Blockchain einläuten. In Bezug auf Bitcoin als die Zukunft des Geldes und des Zahlungsverkehrs ist die wichtige Frage, wie Regierungen auf die Bedrohung durch Bitcoin und Kryptowährungen reagieren. Einige, wie China, könnten ihre eigenen digitalen Währungen entwickeln. Einige, wie El Salvador, könnten Bitcoin zum gesetzlichen Zahlungsmittel machen. Andere wiederum ignorieren Kryptowährungen oder verbieten sie. Wie auch immer die Regierungen reagieren werden, die Tatsache, dass sie gezwungen sein werden, zu reagieren, bedeutet, dass Bitcoin das Flaggschiff war, das auf die eine oder andere Weise die Finanzlandschaft der Welt durch die erfolgreiche Anwendung digitaler und Blockchain-gesteuerter Vermögenswerte vollständig verändern wird.

---

[31] Basierend auf Recherchen von Forbes.

Wie viele Menschen sind Bitcoin-Milliardäre?

Es ist schwer zu wissen, wie viele Milliardäre es im Krypto-Raum oder auch nur innerhalb des Krypto-Netzwerks gibt, da die Bestände oft auf mehrere Konten aufgeteilt sind. Ohne Börsen gibt es jedoch zwanzig Bitcoin-Adressen, die den Gegenwert von 1 Milliarde US-Dollar oder mehr halten, und achtzig Bitcoin-Adressen, die den Gegenwert von 500 Millionen US-Dollar oder mehr halten.[32] Diese Zahl kann leicht schwanken, da viele der Wallets im Wert von 500 Millionen bis 1 Milliarde US-Dollar in Übereinstimmung mit der Bitcoin-Schwankung über 1 Milliarde US-Dollar steigen können, und wie bereits erwähnt, sind Inhaber, die Bitcoin verkauft oder ihre Bestände auf mehrere Wallets aufgeteilt haben, nicht enthalten. Das heißt, man kann mit Sicherheit sagen, dass mindestens zwei Dutzend Konten und mindestens 1 Dutzend Personen mehr als 1 Milliarde Dollar durch Investitionen in Bitcoin verdient haben. Dutzende weitere haben Hunderte von Millionen oder Milliarden verdient, indem sie in andere Kryptowährungen investiert haben.

---

[32] "Top 100 der reichsten Bitcoin-Adressen und ...." https://bitinfocharts.com/top-100-richest-bitcoin-addresses.html.

Gibt es geheime Bitcoin-Milliardäre?

Satoshi Nakamoto ist das Paradebeispiel eines geheimen und anonymen Bitcoin-Milliardärs. Bei der obigen Frage (Wie viele Menschen sind Bitcoin-Milliardäre?) sind wir zu dem Schluss gekommen, dass mindestens 1 Dutzend Menschen eine Milliarde Dollar verdient haben, indem sie in Bitcoin investiert haben. Angesichts dieser Zahl und der Tatsache, dass die Anzahl der populären Bitcoin-Milliardäre an einer Hand abgezählt werden kann (einzelne Personen, ohne Unternehmen), ist es davon auszugehen, dass einige wenige Bitcoin-Inhaber auf der ganzen Welt Bitcoin-Milliardäre sind, die sich aus dem Rampenlicht herausgehalten haben.

Mit diesem Gedanken im Hinterkopf sind Sie vielleicht irgendwann durch Ihren Tag gegangen und haben sich mit einem geheimen Bitcoin-Milliardär getroffen.

Wird Bitcoin die Mainstream-Akzeptanz erreichen?

Das ist eine interessante Frage. Derzeit verwendet etwa 1 % der Welt Bitcoin, obwohl dies in Ländern wie Amerika bis zu 20 % und in anderen Teilen der Welt bis zu 0 % abweicht. Damit eine Kryptowährung den Mainstream und die Massenakzeptanz erreichen kann, muss sie in irgendeiner Form nützlich sein. Im Allgemeinen haben Kryptowährungen einen Nutzen als Wertaufbewahrungsmittel; eine Methode der Transaktion oder als Rahmen für den Aufbau von Netzwerken und dezentralen Organisationen. Bitcoin ist bei weitem die größte und wertvollste Kryptowährung, aber es ist nicht wirklich die beste Kryptowährung in einer dieser Kategorien. Während Bitcoin also Bitcoin ist (ähnlich wie man eine billigere Uhr als eine Rolex kaufen könnte, die besser passt und schöner aussieht, aber man sich immer noch für Rolex entscheidet) und die Marke Bitcoin es weit gebracht hat und bringen wird, ist es unwahrscheinlich, dass es dauerhaft der Marktführer unter den Kryptowährungen der Welt sein wird. Angesichts seines Markenwerts und seiner Größe kann es jedoch angesichts der aktuellen Nutzungstrends und Anwendungsfälle im Bereich der

Kryptowährungen sicherlich eine Massen- und Mainstream-Akzeptanz erreichen.

Wird Bitcoin von anderen Kryptowährungen übernommen?

Ich werde mich bei der Beantwortung dieser Frage auf die obige Frage beziehen. Bitcoin ist zwar massiv in Größe und Marke, aber nicht wirklich das Beste im Krypto-Bereich. Es ist nicht das beste Wertaufbewahrungsmittel, es ist nicht das beste zum Senden und Empfangen von Geld, und es ist nicht das beste als Rahmen und Netzwerk für Krypto-Nutzer, um zu arbeiten und darauf aufzubauen. Kurzfristig ist es angesichts der reinen Marke Bitcoin und seiner monströsen Marktkapitalisierung von 1 Billion US-Dollar unwahrscheinlich, dass es übernommen wird. Es ist jedoch mehr als wahrscheinlich, dass es innerhalb von Jahrzehnten oder Jahrhunderten von anderen Kryptowährungen überholt wird, da der Wert, der es antreibt, zerfällt.

Kann sich Bitcoin von PoW ändern?

Ja, Bitcoin kann sich sicherlich von einem PoW-System (Proof-of-Work) ändern. Ethereum begann mit PoW und wird voraussichtlich Ende 2021 auf PoS (Proof-of-Stake) umsteigen. Durch die Umstellung wird Ethereum viel weniger energieintensiv und skalierbarer. Ein solcher Übergang ist für Bitcoin sicherlich möglich und viele halten eine Abkehr von PoW für unvermeidlich.

War Bitcoin die erste Kryptowährung überhaupt?

Satoshi Nakamotos berüchtigtes Bitcoin-Whitepaper wurde 2008 veröffentlicht, und Bitcoin selbst wurde 2009 veröffentlicht. Diese Veranstaltungen gelten als die ersten ihrer Art; Das stimmt nur teilweise.

In den späten 1980er Jahren versuchte eine Gruppe von Entwicklern in den Niederlanden, Geld mit Karten zu verknüpfen, um den grassierenden Bargelddiebstahl zu verhindern. Die Lkw-Fahrer nutzten diese Karten anstelle von Bargeld; Dies ist vielleicht das erste Beispiel für elektronisches Geld.

Etwa zur gleichen Zeit wie das niederländische Experiment konzipierte der amerikanische Kryptograph David Chaum eine übertragbare und private Token-basierte Währung. Er entwickelte seine "Blending-Formel" für die Verschlüsselung und gründete die Firma DigiCash, die 1988 in Konkurs ging.

In den 1990er Jahren versuchten mehrere Unternehmen, dort erfolgreich zu sein, wo DigiCash nicht erfolgreich war. das beliebteste davon war Elon Musks PayPal. PayPal führte einfache P2P-Zahlungen online ein und verursachte die Gründung einer Firma namens e-gold, die Online-Kredite im Austausch für wertvolle Medaillen anbot (e-gold wurde später von der Regierung geschlossen). Darüber hinaus beschrieben die Forscher Stuart Haber und W. Scoot Stornetta 1991 die Blockchain-Technologie. Einige Jahre später, im Jahr 1997, verwendete das Hashcash-Projekt einen Proof-of-Work-Algorithmus, um neue Münzen zu generieren und zu verteilen, und viele Funktionen landeten im Bitcoin-Protokoll. Ein Jahr später stellte der Entwickler Wei Dai (nach dem die kleinste Stückelung von Ether, ein Wei, benannt ist) die Idee eines "anonymen, verteilten elektronischen Geldsystems" namens B-Geld vor. B-Geld sollte ein dezentrales Netzwerk bereitstellen, über das Benutzer Währungen senden und empfangen konnten. Leider kam es nie in Gang. Kurz nach dem B-Geld-Whitepaper startete Nick Szabo ein Projekt namens Bit Gold, das auf einem vollständigen PoW-System (Proof-of-Work) basierte. Bitgold ist in der Tat Bitcoin relativ ähnlich. All diese Projekte und Dutzende weitere führten schließlich zu Bitcoin; Aus diesem Grund kann nicht gesagt werden, dass Bitcoin in vielen der Konzepte und Technologien, die es antreiben, der wahre Erste war. Abgesehen davon ist Bitcoin absolut und zweifellos der erste große Erfolg aller Technologien, die ihn antreiben; Jedes einzelne Unternehmen und Projekt vor Bitcoin war gescheitert, aber Bitcoin stieg über den Rest hinaus und löste einen massiven globalen Wandel hin zu den Technologien und Konzepten aus, auf denen es aufbaute.

Wird und kann Bitcoin jemals mehr als eine Alternative zu Gold sein?

Bitcoin ist bereits "mehr" als eine Alternative zu Gold; Es ermöglicht und ermöglicht ein globales Transaktionsnetzwerk mit viel weniger Reibungsverlusten als Gold. Bitcoin ist jedoch viel besser mit Gold vergleichbar, da beide als Wertaufbewahrungsmittel und Transaktionsmittel angesehen werden. In dieser Hinsicht wird Bitcoin wahrscheinlich nie mehr als eine Alternative zu Gold sein, denn die Alternative innerhalb der Kryptowährung wird zu einer Technologie und Plattform wie Ethereum, die es den Nutzern ermöglicht, ihre Programmiersprache namens Solidity zu nutzen, um dApps zu erstellen. Bitcoin ist einfach nicht dazu gedacht, so etwas zu tun, und obwohl es sicherlich mehr Nutzen als Gold hat, ist es in gewisser Weise in die Rolle eines "digitalen Goldes" gegossen.

Was ist die Latenz von Bitcoin und ist sie wichtig?

Latenz ist die Verzögerung zwischen dem Zeitpunkt, zu dem eine Transaktion übermittelt wird, und dem Zeitpunkt, zu dem das Netzwerk die Transaktion erkennt. Grundsätzlich ist die Latenz die Verzögerung. Die Latenz von Bitcoin ist von vornherein sehr hoch (im Vergleich zu den 5-10 Sekunden des Fernsehens), um alle zehn Minuten einen neuen Block zu produzieren. Eine Verringerung der Latenz würde im Wesentlichen weniger Arbeit für die Verifizierung von Blöcken erfordern, was dem Ethos von PoW widerspricht. Aus diesem Grund sollte die Latenz von Bitcoin nicht gesenkt werden. Allerdings ist die Handelslatenz ein Problem für Börsen und Händler an Börsen (insbesondere Arbitrage-Händler); Da HFT (High Frequency Trading) und algorithmischer Handel in den Kryptowährungsmarkt vordringen, wird die Latenz zunehmend an Bedeutung gewinnen.

Median Confirmation Time

6.7 min

15.8 min

10.0 min

5.3 min

2.8 min

1.5 min

---

[33] Quelle: blockchain.com

Was sind einige Bitcoin-Verschwörungstheorien?

Bitcoin (und insbesondere Satoshi Nakamoto) ist ein reifes Umfeld für Verschwörungstheorien; Nur zum Spaß werfen wir einen Blick auf einige. Betrachten Sie das Folgende als völlig fiktiv, wie es die meisten Verschwörungstheorien sind, und keine davon ist glaubwürdig:

1. *Bitcoin könnte von der NSA oder einem anderen US-Geheimdienst geschaffen worden sein.* Dies ist wahrscheinlich die am weitesten verbreitete Bitcoin-Verschwörung; Es wird behauptet, dass Bitcoin von der US-Regierung geschaffen wurde und dass es nicht so privat ist, wie wir denken. Stattdessen hat die NSA offenbar durch die Hintertür Zugriff auf den SHA-256-Algorithmus und nutzt diesen Zugang, um Nutzer auszuspionieren.

2. *Bitcoin könnte eine KI sein.* Diese Theorie besagt, dass Bitcoin eine KI ist, die ihr wirtschaftliches Motiv nutzt, um den Nutzern einen Anreiz zu bieten, ihr Netzwerk zu erweitern. Einige glauben, dass eine Regierungsbehörde die KI geschaffen hat.

3. *Bitcoin könnte von vier großen asiatischen Unternehmen geschaffen worden sein.* Diese Theorie basiert vollständig auf der Tatsache, dass das "sa" in Samsung, das "toshi" in Toshiba, das "naka" in Nakamichi und das "moto" in Kombination den Namen des mysteriösen Bitcoin-Gründers Satoshi Nakamoto bilden. Ziemlich solide Beweise dafür.

Warum folgen die meisten anderen Coins oft Bitcoin?

Bitcoin ist im Wesentlichen die Reservewährung für Kryptowährungen oder ähnlich wie der Dow und S&P für den Aktienmarkt. Etwa 50% des Wertes auf dem Kryptowährungsmarkt liegt allein bei Bitcoin, und Bitcoin ist die am häufigsten verwendete und bekannteste Kryptowährung der Welt. Aus diesen Gründen sind Bitcoin-Handelspaare das am häufigsten verwendete Paar, um Altcoins zu kaufen, was den Wert aller anderen Kryptowährungen an Bitcoin bindet. Ein Rückgang von Bitcoin führt dazu, dass weniger Geld in Altcoins investiert wird, während Bitcoin steigt, was dazu führt, dass mehr Geld in Altcoins investiert wird. Aus diesen Gründen folgen die meisten (nicht alle) Coins oft (nicht immer) den allgemeinen bullischen/bärischen Trends von Bitcoin.

Was ist Bitcoin Cash?

Wie bereits erwähnt, hat Bitcoin ein Skalenproblem: Das Netzwerk ist einfach nicht schnell genug, um die großen Mengen an Transaktionen zu bewältigen, die in einer globalen Akzeptanzsituation vorhanden sind. Vor diesem Hintergrund initiierte ein Kollektiv von Bitcoin-Minern und -Entwicklern im Jahr 2017 eine Hard Fork von Bitcoin. Die neue Währung namens Bitcoin Cash (BCH) erhöhte die Blockgröße (auf 32 MB im Jahr 2018), wodurch das Netzwerk mehr Transaktionen als Bitcoin verarbeiten kann, und zwar schneller. BCH wird Bitcoin zwar nicht ersetzen oder auch nur annähernd ersetzen, aber es ist eine Alternative, die ein großes Problem gelöst hat, und die Frage, wie der ursprüngliche Bitcoin das gleiche Problem lösen wird, muss noch gelöst werden.

34

34 Georgstmk / CC BY-SA 4.0

Wie wird sich Bitcoin während einer Rezession verhalten?

Bitcoin hat eine große Chance, sich während einer Rezession gut zu entwickeln, obwohl dies keine schlüssige Antwort ist. Bitcoin ist aus der Immobilienkrise von 2008 hervorgegangen, hat aber seitdem noch keinen anhaltenden und größeren wirtschaftlichen Abschwung erlebt (COVID zählt nicht). In vielerlei Hinsicht dient Bitcoin als digitales Äquivalent zu Gold, und Gold hat sich in der Vergangenheit in Rezessionen (insbesondere von 2007 bis 2012) gut entwickelt, und die Knappheit und der dezentrale Charakter von Bitcoin könnten es während einer Rezession zu einer sicheren Investition machen, die nicht der Kontrolle der Regierungen über Fiat-Währungen und das inflationäre Geldsystem der Welt unterliegen würde. Es sollte auch beachtet werden, dass Bitcoin in der Vergangenheit während kleinerer Krisen gestiegen ist: Brexit, die Kongresskrise von 2013 und COVID. Wie bereits erwähnt, wird sich Bitcoin während einer Rezession wahrscheinlich gut entwickeln (es sei denn, eine Rezession wird so schlimm, dass die Menschen einfach kein Geld zum Investieren haben, in diesem Fall haben Bitcoin, wie auch alle Vermögenswerte, kaum eine Chance, etwas anderes als Rot zu erleben). So oder so, im Falle einer Rezession werden die meisten Kryptowährungen außer

Bitcoin (insbesondere kleinere Altcoins) definitiv massive Verluste erleiden; Die meisten werden praktisch von der Landkarte getilgt werden. Ein solches Szenario wäre ein massives Filterereignis für Altcoins, was für den Gesamtmarkt sehr gesund ist.

Kann Bitcoin auf lange Sicht überleben?

Zu überlegen ist, inwiefern Bitcoin auf lange Sicht überleben wird; und in welchem Maße die Akzeptanz und Nutzung zunehmen wird. Unabhängig davon wird Bitcoin in den nächsten Jahrzehnten in gewissem Umfang existieren; Die Chancen, dass es in den nächsten Jahrhunderten in großem Maßstab Bestand haben wird, sind angesichts neuerer Konkurrenz und Bitcoin-Alternativen unwahrscheinlich. Dennoch könnte es sicherlich die Top-Kryptowährung bleiben, solange es Kryptowährungen gibt (vor allem, wenn Upgrades, wie z. B. das Beleuchtungsnetzwerk, implementiert werden). Die A-priori-Wahrscheinlichkeit basiert ausschließlich auf der Tatsache, dass die erste ihrer Art in der Regel nicht die beste ihrer Art ist und die meisten Währungen im Laufe der Geschichte nicht (in großem Maßstab) für einen signifikanten Teil der Zeit halten.

Was ist das Endziel von Bitcoin und Kryptos?

Die Endvision der Kryptowährung erreicht Folgendes:

1. Speziell für Bitcoin, um es den Nutzern zu ermöglichen, Geld auf sichere Weise über das Internet zu senden, ohne sich auf eine zentrale Institution zu verlassen, sondern sich stattdessen auf kryptografische Beweise zu verlassen.

2. Eliminieren Sie die Notwendigkeit von Vermittlern und verringern Sie Reibungsverluste in Lieferketten, Banken, Immobilien, Recht und anderen Bereichen.

3. Beseitigen Sie die Gefahren, denen das inflationäre Umfeld der Fiat-Währungen im Wilden Westen ausgesetzt ist (in Bezug auf die staatliche Kontrolle, seit Fiat-Währungen aus dem Goldstandard entfernt wurden).

4. Ermöglichen Sie eine absolut sichere Kontrolle über Ihr persönliches Vermögen, ohne sich auf Drittinstitutionen verlassen zu müssen.

5. Ermöglichen Sie Blockchain-Lösungen in den Bereichen Medizin, Logistik, Wahlen und Finanzen sowie überall dort, wo solche Lösungen Anwendung finden.

Ist Bitcoin zu teuer, um es als Kryptowährung zu verwenden?

Der absolute Preis ist für Kryptowährungen (wie auch für Aktien, wie ich in anderen Büchern geschrieben habe) weitgehend irrelevant. Während diese Antwort an anderer Stelle in den Handelsregeln behandelt wurde, werde ich den entsprechenden Abschnitt im Folgenden zusammenfassen:

Angesichts der Tatsache, dass sowohl das Angebot als auch der Anfangspreis festgelegt/geändert werden können, ist der Preis selbst ohne Kontext weitgehend irrelevant. Nur weil Binance Coin (BNB) bei 500 $ und Ripple (XRP) bei 1,80 $ liegt, bedeutet das nicht, dass XRP das 277-fache des Wertes von BNB wert ist; Die beiden Coins liegen derzeit innerhalb von 10% der Marktkapitalisierung des jeweils anderen. Wenn eine Kryptowährung zum ersten Mal erstellt wird, wird das Angebot von dem Team hinter dem Vermögenswert festgelegt. Das Team kann sich dafür entscheiden, 1 Billion Münzen oder 10 Millionen zu erstellen. Wenn wir auf XRP und BNB zurückblicken, können wir sehen, dass Ripple etwa 45 Milliarden Münzen im Umlauf hat und Binance Coin 150 Millionen. Auf diese Weise spielt der Preis keine Rolle. Eine Münze für 0,0003 $ kann mehr wert sein als eine Münze für 10.000 $ in Bezug auf

Marktkapitalisierung, zirkulierendes Angebot, Volumen, Benutzer, Nutzen usw. Der Preis spielt aufgrund des Aufkommens von Bruchteilen von Aktien noch weniger eine Rolle, mit denen Anleger unabhängig vom Preis einen beliebigen Geldbetrag in eine Münze oder einen Token investieren können. Der einzige große Einfluss des Preises liegt in den psychologischen Auswirkungen, die beim Handel mit Bitcoin und Altcoins untersucht werden sollten.

Wie beliebt ist Bitcoin?

Mindestens 1,3 % der Weltbevölkerung besitzen derzeit Bitcoin, was es unter Berücksichtigung der halben Milliarde existierender Bitcoin-Adressen sehr beliebt macht. Diese Zahl umfasst 46 Millionen Amerikaner, was 14 % der Bevölkerung und 21 % der Erwachsenen entspricht,[35] während eine andere Studie ergab, dass 5 % der Europäer Bitcoin besitzen.[36] Bemerkenswerter ist jedoch die exponentielle

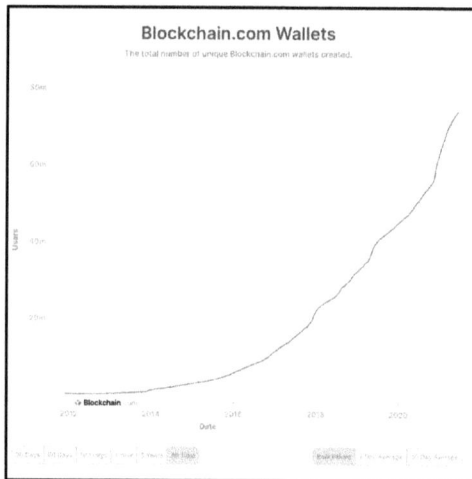

Steigerungsrate. Im Jahr 2014 gab es weniger als eine Million Bitcoin-Wallets, was einem Anstieg um das 75-fache und einer

---

[35] "Demografische Statistik der Vereinigten Staaten ...."
https://www.infoplease.com/us/census/demographic-statistics.
[36] "• Grafik: Wie viele Verbraucher besitzen Kryptowährung? | Statista." 20. Aug.
2018, https://www.statista.com/chart/15137/how-many-consumers-own-cryptocurrency/.

Wachstumsrate von 10x (1.000%) pro Jahr entspricht. [37]Es gibt keine Anzeichen dafür, dass diese Trends aufhören werden, und das Wachstum, wenn überhaupt, nimmt nur zu. Zusammenfassend lässt sich also sagen, dass Bitcoin bemerkenswert beliebt ist und in den nächsten Jahrzehnten wahrscheinlich den Wendepunkt der Massenakzeptanz erreichen wird.

---

[37] »Blockchain.com.« https://www.blockchain.com/. Abgerufen am 9. Juni 2021.

Bücher

- Bitcoin beherrschen – Andreas M. Antonopoulos
- Das Internet des Geldes - Andreas M. Antonopoulos
- Der Bitcoin-Standard – Saifedean Ammous
- Das Zeitalter der Kryptowährung – Paul Vigna
- Digitales Gold – Nathaniel Popper
- Bitcoin-Milliardäre – Ben Mezrich
- Die Grundlagen von Bitcoins und Blockchains – Antony Lewis
- Blockchain-Revolution – Don Tapscott
- Kryptoassets - Chris Burniske und Jack Tatar
- Das Zeitalter der Kryptowährung - Paul Vigna und Michael J. Casey

Auswechselungen

- Binance - binance.com (binance.us für US-Bürger)

- Coinbase – coinbase.com

- Kraken – kraken.com

- Krypto – crypto.com

- Zwillinge – gemini.com

- eToro – etoro.com

Podcasts

- Was Bitcoin getan hat von Peter McCormack (Bitcoin)
- Untold Stories (frühe Geschichten)
- Unchained von Laura Shin (Interviews)
- Baselayer von David Nage (Diskussionen)
- The Breakdown von Nathaniel Whittemore (Kurzfilm)
- Crypto Campfire Podcast (entspannt)
- Ivan über Technik (Updates)
- HASHR8 von Whit Gibbs (technisch)
- Unqualifizierte Meinungen von Ryan Selkis (Interviews)

Aktuelles Dienstleistungen

- CoinDesk – coindesk.com
- CoinTelegraph – cointelegraph.com
- HeuteOnChain – todayonchain.com
- NeuigkeitenBTC – newsbtc.com
- Bitcoin Magazin – bitcoinmagazine.com
- Krypto-Slate – cryptoslate.com
- Bitcoin.com – news.bitcoin.com
- Blockonomi – blockonomi

Charting-Dienstleistungen

- TradingView – tradingview.com
- CryptoView – cryptoview.com
- Altrady – Altrady.com
- Coinigy – Coinigry.com
- Coin Trader - Cointrader.pro
- CryptoWatch – Cryptowat.ch

YouTube-Kanäle

- Benjamin Cowen

  Hatps://vv.youtube.com/channel/ukrvak-ux-w0soig

- Büroecke

  Hatps://vv.youtube.com/c/koinbureyu

- Fliegen

  https://www.youtube.com/c/Forflies

- Daten-Dash

  Hatps://vv.youtube.com/c/datadash

- Sheldon Evans

  Hatps://vv.youtube.com/c/sheldonevan

- Anthony Pompliano

  Hatps://vv.youtube.com/channel/usevspell8knynav-nakz4m2w

- Zielstein

  https://www.youtube.com/channel/UC7S9sRXUBrtF0nKTv LY3fwg/abou t

- Lerche Davis

  Hatps://vv.youtube.com/channel/ucl2okaw8hdar_kbkidd2kal ia

- Altcoin Daily

  https://www.youtube.com/channel/UCbLhGKVY-

bJPcawebgtNfbw

www.ingramcontent.com/pod-product-compliance
Lightning Source LLC
Chambersburg PA
CBHW060930220326
41597CB00020BA/3462